珠宝奥秘

王曙 著

图书在版编目（CIP）数据

珠宝奥秘／王曙著 . -- 北京：华文出版社，2013.6
（地球大视野丛书）

ISBN 978-7-5075-4002-4

Ⅰ.①珠… Ⅱ.①王… Ⅲ.①宝石 - 青年读物②宝
石 - 少年读物 Ⅳ.① TS933-49

中国版本图书馆 CIP 数据核字 (2013) 第 117874 号

珠宝奥秘

著　　者：王　曙
责任编辑：吴　晶
美术编辑：孙　钊
出版发行：华文出版社
社　　址：北京市西城区广外大街 305 号 8 区 2 号楼
邮政编码：100055
网　　址：http://www.hwcbs.com.cn
投稿邮箱：hwcbs@126.com
电　　话：总编室 010-58336210　责任编辑 010-58336193
　　　　　发行部 010-58336270　010-58336265
经　　销：新华书店
印　　刷：北京米开朗优威印刷有限责任公司
开　　本：710mm×1000mm 1/16
印　　张：10.5
字　　数：105 千
版　　次：2013 年 6 月第 1 版
印　　次：2015 年 6 月第 3 次印刷
标准书号：ISBN 978-7-5075-4002-4
定　　价：30.00 元

序

　　地球——茫茫宇宙中唯一孕育高级生命的星体，星移斗转，沧海桑田，风云变幻，气象万千。人类生存在地球上，演化、繁衍、摄取、发展，由受控于自然逐步走向顺应自然和改造自然，对地球的认识、探索、研究、利用，逐渐发展成一门研究地球的形成、特征、发展、演变规律的科学——地球科学。

　　随着人类知识的积累和科技水平的不断提高，地球科学获得长足进展。从18世纪开始，对自然资源的科学利用带来了人类社会发展的飞跃。如煤的大量发现和开采，使蒸汽机的广泛利用成为可能，从而推动了当时的工业革命。再如大规模油田的发现和开发，铀、钍等矿产资源的发现和利用，又为内燃机和原子能技术的发展提供了物质基础。地球科学的每一次重大发展，都可能引起生产技术的革命，大大加速社会发展的进程，给社会生产和人民生活带来巨大变化。进入21世纪，地球科学从资源时代发展到环境时代。迎接人口、资源、环境、灾害的挑战，保证人类持续发展，成为地球科学的主要任务。

　　科学进步促进社会发展，社会发展为科学进步提供保障。地球科学伴随着人类进步，逐步发展成为包括地质、地理、气象、环境及其有关的边缘学科的庞大科学体系，几乎辐射到自然科学的其他各个领域，集中了人类最高智慧的新技术手段，是自然科学的重要组成部分，是马克思列宁主义世界观、方法论的重要学科基础。地球科学在人类实践和应用中，具有十分重要的基础作用。普及地球科学知识，对于全面树立落实科学发展观，尊重和遵循自然规律，促进人与自然和谐发展，具有重要的现实意义。普及地球科学知识，对于反对迷信邪说和伪科学，弘扬科学精神，在全社会形成崇尚科学、鼓励创新的良好氛围，具有重要的推动作用。

中国老科学技术工作者协会国土资源分会，聚集了300多名离退休的老科技工作者。十几年来，他们以贯彻"科教兴国"的战略方针为宗旨，坚持老有所为、服务社会，不顾双鬓作雪，始终寸心如丹，做了大量有益的工作。近年来又组织部分老科技工作者，策划、编撰了一套集科学性、知识性、实用性、趣味性于一体的地球科学丛书，奉献给社会。这套丛书着重针对当前人们在认识地球科学方面存在的一些误区，抓住与经济、社会发展和人民生活密切相关的一些热点问题，通过自问自答，讲述引人入胜的典型事例、故事，采用或比拟、或讨论思辨等写作手法，在向人们普及地球科学知识的同时，还告诉人们怎样用科学的思想、科学的方法，去观察问题、处理问题，是科普丛书中的一枝奇葩。

我相信，丛书的出版发行一定会对建设学习型社会、普及科学知识，做出应有的贡献。借此，感谢国土资源分会老科技工作者的春蚕精神！感谢中国老科学技术工作者协会的鼓励和支持！

地球是人类的摇篮。自人类诞生之日起，就开始了认识地球的历程。上古时代，我们的先民对地球的认识是神秘的，对大地的态度是尊崇的。希腊神话中的大地之神盖亚创造了众神，而中国神话中的大地之母女娲则创造了人类。在人类文明的"轴心时代"，哲人们对地球的认识是朴素的、理性的。古希腊哲学家毕达哥拉斯在公元前五六世纪就断定地球是圆形的。中国的先哲们则认识到大地虽不具人格，但具有我们人类应当学习的品德。可见，早期人类对大地充满了敬畏感。

　　近现代科学技术的发展改变了人类对大地的认识和我们对待地球的态度。人类不仅几乎在陆地的任何角落都留下了足迹，而且下潜深海、上游太空。我们发展了地理学、地质学、海洋学、大气物理学、古生物学等地学学科；我们对地球的认识从未如此的系统且细致。基于这些地学知识，我们开发利用地球，而大地也慷慨地给予我们丰厚的回报，让我们人类的物质生活前所未有的丰富。

　　但大地的慷慨也助长了人类的贪婪和狂妄。我们曾不知节制地开采矿藏，也曾肆无忌惮地破坏环境。现在我们认识到，地球的承载能力是有限的，地球的生态系统是脆弱的。在可以预见的未来，地球仍将是我们唯一可以居住的星球，大地仍然是我们唯一可以依赖的母亲。

对于中国这样一个正在复兴并加速发展的大国来说，地学知识从未如此重要。当前，不断崛起的中国正在逐渐向远海和太空挺进，我国的专业人员所掌握的相关知识越来越多。然而，要实现中华民族的"中国梦"，仅仅靠专业人员拥有丰富的地学知识是不够的。树立全民的全球意识、在全体国民中普及立体的地学知识十分必要。《地球大视野丛书》涉及了从陆地、海洋到天空的方方面面，对于拓展大众视野很有帮助。

该套丛书 2007 年初版，由数名中国老一辈地质工作者撰写，受到了读者的广泛欢迎，是一套很有意义的科普书籍。作为国土资源部主管的公募基金会，中国古生物化石保护基金会肩负着"协助政府，动员社会力量，促进古生物化石及地质环境保护公益事业，提升全民科学素质"的使命。为不断普及古生物与地学科学知识，我会继原推广"我赠你读"古生物科普书籍后，又与中国老科学技术工作者协会国土资源分会合作，再次出版《地球大视野丛书》。今后，我们将与地学界、古生物学界继续合作推广系列科普丛书，将古生物学与地学科普作为长期的任务。我们相信修订再版的《地球大视野丛书》将对我国建设知识型、创新型社会做出新的贡献。

编委会

2013 年 4 月

目 录

前　言

第一章　宝石之王——钻石 …………………… 1

宝石金刚石为什么珍贵 ……………………… 1

钻石之父塔沃尼 …………………………… 4

莫卧儿帝国的"孔雀宝座" ………………… 5

英国王后王冠上的名钻"光明之山" …… 7

伊朗国王王冠上的红钻"光明之海" …… 11

价值相当于俄国大使性命的钻石"沙赫" 12

迷雾重重的钻石"布拉冈斯" …………… 13

掀起金刚石狂潮的南非 …………………… 15

金刚石是怎样生成的？ …………………… 18

世界最大的宝石金刚石"库利南" ……… 21

德比尔斯——钻石的同义语 ……………… 24

钻石"千禧之星"大劫案 ………………… 27

金刚石的首席产地在哪里 ………………… 30

中国的金刚石产于何处 …………………… 32

买钻石指定要南非的吗？错了 ………… 37

怎样用肉眼选购钻石首饰 ………… 38

第二章　**五彩缤纷的有色宝石** ………… **41**

热情似火的红宝石 ………… 41

华贵典雅的蓝宝石 ………… 44

美艳深沉的祖母绿 ………… 47

闪耀着星光和猫眼的宝石 ………… 49

怎样挑选猫眼和星光宝石 ………… 51

中低档有色宝石的选购 ………… 53

第三章　**无处不在的玉文化** ………… **57**

中华文化的象征——玉和龙 ………… 58

玉门关外和田玉 ………… 62

玉文化中的和田玉 ………… 67

最古老又最普通的岫岩玉 ………… 70

从翡翠鸟到翡翠玉石 ………… 71

怎样判别翡翠质量的优劣 ………… 74

买翡翠原料赌货，或平地暴富，

或倾家荡产 ………… 76

翡翠首饰的 A 货、B 货和 C 货 ………… 79

假翡翠有哪些 ………… 82

第四章　**沧海月明珠有泪——珍珠** ………… **85**

天然珍珠，已快绝种 ………… 85

养殖珍珠，兴旺发达 ………… 88

记住一句话，就能识别真假珍珠 ············· 90

珍珠娇气，注意维护 ················· 91

第五章　现代科技之花——人造宝石 ········· **93**

玻璃诞生的传说 ················ 94

埃及女王的项链 ················ 96

鉴别玻璃不困难 ················ 98

假钻石越造越像真的 ··············· 99

是真是假不好说的钻石 ·············· 101

红、绿、蓝色的人造宝石 ············· 103

人造水晶，用途多多 ·············· 105

第六章　制造首饰的金、铂、银、钯 ········· **107**

人人喜爱的黄金 ················ 107

领导时尚的铂金 ················ 112

价廉物美的银 ················· 113

最新登场的钯金 ················ 113

第七章　首饰的选购 ··············· **115**

戒指的选购 ·················· 116

项链的选购 ·················· 121

项链坠的选购 ················· 128

耳饰的选购 ·················· 129

手镯的选购 ·················· 131

手链和手串的选购 ··············· 135

挂件的选购 ·················· 137

镀金和仿金首饰的选购 ············· 139

珠宝奥秘

目录

第八章　珠宝首饰的保养 ……………………… 141

　　　硬度大于水晶，稳定性好的宝石 ……… 142

　　　硬度小于水晶，但大于玻璃的宝石 ……… 143

　　　硬度小于玻璃，稳定性差的宝石 ……… 144

　　　珠宝首饰的储存 ……………………… 145

附　录 ……………………………………… 147

　　　你的生辰石是什么 ………………… 147

　　　克拉的来历 ……………………… 148

附　表 ……………………………………… 150

良渚文化时代的玉
雕"龙首镯"

当我们在大街上行走时，稍加注意就会发现，来来往往的人群中有许多人佩戴着首饰，而且首饰的品种繁多。最普通的一种是戒指，有足金的、K金镶宝石的、铂金镶钻石的；另一种就是翡翠首饰，其中翡翠手镯和挂件最为常见。甚至还形成了谁都说不清楚道理的"男戴观音女戴佛"的习俗。

现在流行着一种说法："戴首饰，尤其戴翡翠首饰，对人的身体健康大有好处！"那么果真是这样的吗？我们说佩戴首饰，表明人们的生活水平有了很大的提高，在温饱之余，有经济能力的人购买首饰来美化自己，心情肯定是愉快的。这样，佩戴首饰的人会经常处于好心情之中，身体自然健康。因为根据现代医学的研究，人类的疾病有近一半与情绪不佳、精神颓丧，导致免疫力下降有关。由此可知，佩戴首饰有益于健康，并非骗人的假话。

"爱美是人类的天性。"即使在生活极为艰苦的远古时代，人类依然保持着爱美之心。例如一万五千年前的山顶洞人，就曾将兽牙、贝壳、细兽骨管、小砾石等磨制穿孔，有的并涂上红色，用细绳穿起来挂在脖子上作为装饰品。而距今约四五千年的良渚文化早期，人类磨制的玉质手镯，已经非常精美了。所以，我们现在对首饰及制作首饰的黄金、铂金和珠宝玉石的珍爱，也是理所当然之事。

首饰的种类很多，有戒指、项链、手镯、耳环、胸针等。当人们戴着漂亮的首饰时，他们会不会想到，这些使人喜爱的首饰是怎样演变而来的呢？

在远古时代，有过抢婚风俗，一个部落的成年男子邀集了一些伙伴，把另一个部落的姑娘强抢回来成亲。抢到手后，为了防止姑娘逃走，要用绳子或链子捆住姑娘的脖子，用手铐铐住她的双手。如今，虽然抢婚早已被人们忘却了，可是防止姑娘逃跑的链子和手铐却流传了下来，只是变得细小、精致了，而且用永不会生锈变质的黄金和珠宝来制作，成了精美的装饰品。这就是手镯、项链的来历。

至于戒指，它起源于两千多年前的中国宫廷，是用以记事之物。那时的皇帝有很多嫔妃，当国王看上哪位妃子时，宫中就有专人记下她陪伴国王的日子，并给她戴上银戒指作为记号，如果她生了孩子，地位就更高了，则给她戴上金戒指。

戒指成为婚姻的信物，始于14世纪的欧洲。当时，法属布根地的玛丽公主美貌超群，引来了众多的求婚者，可是没有一位使她动心。奥地利的马斯密列公爵也爱上了玛丽公主，他左思右想，怎样才能打动这位骄傲的美人呢？在公爵老师摩路丁教授的策划下，公爵定制了一枚极其精美的戒指，上面镶了一粒大钻石，公爵把这枚戒指送给了玛丽公主。果然，精美的钻戒赢得了公主的芳心，她接受了公爵的求婚。从此之后，订婚、结婚送戒指，尤其是送镶钻石的戒指，就成了欧洲人的风俗，并且逐渐传遍了全世界。

由于人们丰富的想象力和审美观念，在历史的长河中有过千奇百怪的首饰，但经过时光的淘汰，以及人类对于"美"的共同认识，现在世界上经久不衰的是戒指、手镯、项链、手链、耳饰和胸针等。有些首饰，例如头顶兽角饰、鼻环、肚脐环、足趾戒等，虽经一时一地的流传，可是未能得到人们广泛的认同，因而趋于淘汰。时至今日，众多的天然珠宝，加上人工合成的宝石，结合现代技术的加工工艺，使首饰拥有了灿烂的光芒，点缀着我们美好的人生。

红宝石和蓝宝石

宝石之王——钻石

自从电视上反复播出"钻石恒久远，一颗永留传"的广告后，钻石的大名几乎是无人不知了。可是，钻石为什么这样珍贵呢？就很少有人说得清楚。同时，人们也不知道，人类认识钻石的历史有多么漫长又多么艰难。而且，在世界著名的巨粒钻石背后，又隐藏了多少鲜血、眼泪和战火。

在后面这几节中，你就可以看到上述问题的答案。

在这里，我们要先解释一下三个名词：金刚石、宝石金刚石、钻石。金刚石是一种自然界生成的，世界上最坚硬的矿物。当金刚石晶体有一定粒度，质量优良（无色透明，没有裂纹，内部极少杂质），达到宝石级时，叫做宝石金刚石。而将宝石金刚石加以切割琢磨，成为能镶在首饰上的戒面等成品时，这才叫做钻石。

宝石金刚石为什么珍贵

首先，质量达到宝石级的金刚石特别的稀少。目前，全世界要采掘出数亿吨含金刚石的矿石，才能获得 13 000 万克拉

（即 26 吨）金刚石，即矿石中金刚石的含量不足 0.00001％（一千万分之一）。其中达到宝石级的不足一半；宝石金刚石切磨成钻石时，又要损失一半以上，即成品钻石的年产量不足 3 000 万克拉（6 吨），还不到矿石重量的亿分之一，也就是说，要开采几十吨矿石，才有可能获得 1 克拉钻石。试想，将几十吨石头爆破、装车、运输、破碎、挑选，直到最后切磨成钻石，这一系列繁重的劳动，需要支出多少成本费用？钻石能不贵吗！

仅仅稀少，并不能使人们重视和喜爱，金刚石还有着很多其他物质比不上的优良性质。

金刚石是世界上最硬的物质，硬度级别是最高级 10 级。它可以刻画世界上的任何物质，却没有任何物质能刻画或磨损金刚石。因此，金刚石切磨成钻石后，能永远闪光发亮而不变，因为它的抛光表面不会被划伤或磨毛。

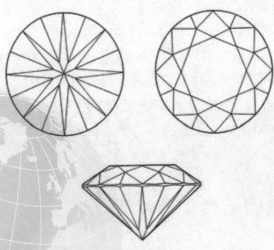

现代标准的钻石形状——正圆石
上左：底面；上右：顶面；下图为侧面

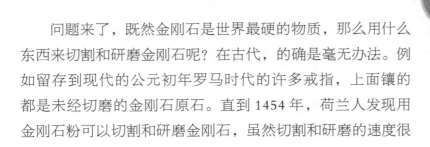

　　问题来了，既然金刚石是世界最硬的物质，那么用什么东西来切割和研磨金刚石呢？在古代，的确是毫无办法。例如留存到现代的公元初年罗马时代的许多戒指，上面镶的都是未经切磨的金刚石原石。直到1454年，荷兰人发现用金刚石粉可以切割和研磨金刚石，虽然切割和研磨的速度很慢，但总算解决了这个加工难题。

　　要注意的是：金刚石虽然极硬，但却非常脆，容易被打碎。因此在佩戴镶有钻石的首饰时，要注意不能使钻石受到太重的撞击。

　　很高的折射率和很大的色散，是使金刚石成为极珍贵宝石的另一个原因。金刚石的折射率高达2.4，几乎是世界上透明物质中最高的，由于物质的反光能力随折射率的增高而变大，因此钻石的磨光表面能大量反射外界光线。按照现代科学设计形式磨制出的钻石，能把射入内部的光全部反射出来，使整个钻石闪烁着耀眼的光芒。

　　金刚石的色散很大，即对于不同颜色的光，折射率的差别很大。因此，长波的红光和短波的蓝光由于折射率差别大，在折射和反射时会分开，经过多次内部反射透出钻石时，红光和蓝光分离很显著。由于色散现象，使钻石出现五颜六色的闪光，显得异常美观。当钻石首饰戴在手上或胸前，随着人的活动，钻石会不停地闪烁着美丽夺目的彩色光芒，深得人们喜爱。

　　金刚石虽然具有宝石所应有的许多性质，但并非所有的金刚石都能达到宝石级。金刚石能否作为宝石，决

金刚石　郭克毅 摄

定于它内部的纯净程度和颜色。宝石金刚石必须完全透明，内部很少杂质。凡是透明度很差或不透明，裂纹很多或内部有大量杂质，都不能用作宝石。宝石金刚石的颜色越白越好（即越是无色越佳），大多数宝石金刚石都带有微弱或极微弱的黄色，黄色越明显，质量越差。

世界上产有极少数色彩鲜艳的宝石金刚石，它们的颜色有红、粉红、绿、蓝、紫、金黄等。这些彩色的宝石金刚石是极珍贵的宝石，其价格是普通白色宝石金刚石的几倍至几十倍，尤其红色和深蓝色的宝石金刚石，价格最为昂贵。在一般的市场上，是见不到彩色钻石的，因为太稀罕了。

金刚石的化学成分是纯"碳"，与石墨和煤的化学成分一样，因此，它怕火并且能够燃烧，在佩戴、储存和加工镶嵌时应注意。

钻石之父塔沃尼

世界上最早发现金刚石，并且认识金刚石是极珍贵宝石的是印度人。大约在 800 年以前，古印度就在开采金刚石了，虽然产量不高，可是却产出了很多颗粒巨大、名震世界的钻石。这些名钻石都有着复杂甚至离奇的经历，在它们所闪耀着的美丽而又炫目的彩色光芒下，隐藏着欺诈、抢掠、凶杀甚至战争。最后毫无例外，它们都落入既有财力获得它，又有权势保护它的统治者手中。古印度的这些名钻，经历过几个世纪国家的兴亡，见过屈辱与流血的惨痛，参与过印度王公、莫卧儿皇帝、波斯沙赫、俄国沙皇们宫廷的豪华和穷奢极欲，只要你愿意，它们会低声告诉你多少逝去的、血泪斑斑的往事。

17 世纪时，法国出现了一位旅行家兼珠宝商塔沃尼。

他于 1631 ～ 1670 年，总共 6 次到当时钻石的唯一产地印度去旅行探宝。前 5 次他去了金刚石矿山和钻石集散地戈尔康达，并陆续购买了一些钻石。成就最大的则是他第 6 次赴印度旅行，这次旅行延续了 5 年，其中最幸运的是他在 1665 年受到印度北部莫卧儿帝国皇帝奥朗则布的邀请，参加了帝国的节日庆典。这使塔沃尼有机会参观了莫卧儿帝国珍宝库中所有的珍宝，并且详细地观察和记录了世界闻名的宝物——莫卧儿皇帝的"孔雀宝座"。

塔沃尼大约于 1670 年回到法国，并于 1675 年、1676 年和 1679 年，出版了三本记录他旅行见闻的书，这几本书成了珍贵的历史文献。

莫卧儿帝国的"孔雀宝座"

在中世纪时，印度北部有着一个强大的莫卧儿帝国。1627 年 11 月，莫卧儿帝国的皇帝查汗基驾崩，接着在他的儿子们之间爆发了争夺帝位的血腥战争。结果是其第三个儿子沙杰汗打败并杀了他的两个兄弟，于 1628 年 2 月 4 日，在莫卧儿帝国的首都阿格拉登上了皇帝宝座。沙杰汗的妻子被赐封"慕玛泰姬·玛哈尔"，意思是最美丽、皇帝最宠爱的皇后。

慕玛泰姬得到了沙杰汗的无比宠爱。不幸的是，她于 1632 年产后去世，沙杰汗悲痛万分。为了纪念她，在印度的叶木纳河畔为她修建了白色大理石的陵墓，工程进行了 23 年。可见，此陵墓的豪华壮丽，这就是世界闻名的古迹——印度的泰姬陵。

泰姬死后，沙杰汗不愿再住在这伤心之地阿格拉，他下令将首都迁到德里。沙杰汗的父亲查汗基在世时，开始制作著名的"孔雀宝座"，由于工作量大，所用珍宝太多，至他死时也未完成。沙杰汗迁到德里后，继续制作"孔雀宝座"，经过多年的努力终于完成。

印度著名古迹泰姬陵

根据亲自参观过"孔雀宝座"的塔沃尼的记录，宝座由印度当时最著名的艺术大师巴德奥斯设计，他也是世界闻名的印度古迹泰姬陵的设计者，其水平之高可以想象。"孔雀宝座"长约 1.8 米，宽 1.2 米，高约 0.65 米，宝座上面有 12 根柱子支撑的天篷。宝座的四条腿和支天篷的柱子上，镶嵌了大量的钻石、红宝石、祖母绿和珍珠。在天篷上，有用黄金制作的孔雀模型，孔雀上镶了巨大的红宝石和蓝宝石，还挂了一粒重达 50 克拉的梨形珍珠。孔雀的四周点缀着用黄金和宝石制成的一束束花朵。

最珍贵的是宝座的左右扶手上，分别镶嵌着一粒历史上极其著名的巨大钻石，即淡蓝色的"光明之山"和粉红色的"光明之海"。还有一粒巨钻，用一根金丝悬吊在宝座前方，让坐在宝座上的皇帝随时看到它，这粒名钻就是淡黄色的"沙赫"。

根据塔沃尼的统计，"孔雀宝座"上总共镶嵌了 108 粒巴拉斯红宝石（据现代研究实为红色尖晶石），每粒重量都超过 100 克拉，大的甚至超过 200 克拉；颜色美艳的祖母绿 116 粒，每粒重达 30 至 60 克拉；同时宝座上还悬挂着成串的圆形珍珠，每粒重达 6 至 10 克拉。

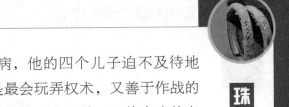

1657 年，沙杰汗身患重病，他的四个儿子迫不及待地发动争夺皇位的战争，结果是最会玩弄权术，又善于作战的三儿子奥朗则布获胜。他杀了他的三个兄弟，又将患病的老父沙杰汗囚禁在旧都城阿格拉的宫殿中，所住的房间窗口正好对着泰姬陵。这位曾经不可一世的皇帝沙杰汗，只好每天望着爱妻（也是新皇奥朗则布的亲生母亲）的陵墓，在忧伤和思念中度过了 4 年，于 1661 年 1 月死去。

时光已经过去了 300 多年，莫卧儿帝国那著名的"孔雀宝座"在残酷的掠夺战争中被毁了，它上面镶嵌的大量珍宝流落四方，那三粒著名的巨大钻石随着岁月的流逝而饱经沧桑，都离开了印度。下面让我们一起来看一看它们那充满血与泪的，使人惊心动魄的经历。

英国王后王冠上的名钻"光明之山"

世界上最古老而又保存到现在的巨大钻石，就是"光明之山"了。它原来的名字按音译，应称作"柯伊诺尔"。传说"柯伊诺尔"发现于 3 000 多年前，但这不可信，又有说最早有关它的记载是 1303 年，现在一般认为，它是于 1655 年在印度戈尔康达地区的科勒钻石矿发现的，原石估计重达 800 克拉左右。最早时，"柯伊诺尔"归戈尔康达土邦的首领收藏。当时，统治这些土邦的是莫卧儿帝国皇帝，他派了使臣到各土邦去勒索贡品，但是带回的贡品很少，仅 15 只象和 5 件珠宝，莫卧儿皇帝盛怒之下，派大军攻进了戈尔康达土邦，夺走了全部珍宝，其中包括名钻"柯伊诺尔"和名钻"沙赫"，它们分别被镶在孔雀宝座上及吊在宝座之前，就这样过了将近 100 年。

1739 年，波斯（今伊朗）统治者纳狄尔沙赫率大军侵入印度，攻占了莫卧儿帝国的首都德里，进行了疯狂的抢劫和血腥屠杀。1740年，波斯军队带着大批抢来的财宝回国，其中最珍贵的就是莫卧儿皇帝的"孔雀宝座"。据说，波斯军队在莫卧儿皇宫中见到"孔雀宝座"时，已不见"柯伊诺尔"的踪影。后来听说，是当时的莫卧儿皇帝穆罕默德将钻石"柯伊诺尔"藏在自己的头巾里了。本来占领者纳狄尔沙赫已宣布废黜了穆罕默德的皇帝地位，为了骗到钻石，纳狄尔心生一计，他假装说要恢复穆罕默德的皇帝位，在两人会谈时，纳狄尔突然向穆罕默德提出两人交换头巾，并把自己的羊皮头巾解了下来，按当时习俗，交换头巾是表示友好，而拒绝则是为敌。穆罕默德只好解下自己藏有"柯伊诺尔"钻石的头巾交换，这样，纳狄尔　　　获得了他渴望的钻石。

所有从莫卧儿帝国抢来的珍宝，都被运到波斯帝国首都伊斯法罕城纳狄尔沙赫的皇宫中。

大约自此之后，著名的"孔雀宝座"上镶嵌的大量珠宝被拆下，宝座也就这样被毁坏了。纳狄尔沙赫是历史上的暴君。他为了巩固自己的王位，将一切有王位继承权的人都杀掉或挖掉眼睛，为此，他首先挖出了大儿子的双眼。纳狄

英国伊丽莎白王后的王冠冠顶十字加上镶有历史名钻"光明之山"

尔沙赫这位暴君由于树敌太多，于1747年，即入侵莫卧儿帝国7年之后，被人谋杀。

纳狄尔沙赫一死，就出现不同种族和国籍的派别武装为争夺权位而互相攻杀，波斯国内顿时大乱。一位贵族艾默德夺取王位失败后，抢劫了一批珍宝，率军东进至坎大哈城，

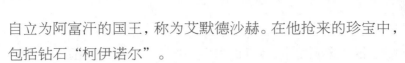

自立为阿富汗的国王，称为艾默德沙赫。在他抢来的珍宝中，包括钻石"柯伊诺尔"。

艾默德将王位传给儿子铁木真，铁木真死后，他23个儿子中的扎曼继承王位。在扎曼率军征伐印度回来后，他的弟弟马哈茂德发动政变夺取了王位，同时将失去权力的扎曼挖掉双眼后监禁起来。可是，马哈茂德没能得到钻石"柯伊诺尔"，因为它被扎曼事先藏了起来。1803年，马哈茂德又被他的弟弟苏加推翻，苏加按照惯例要挖掉马哈茂德的双眼，这时，作为兄长的扎曼可能动了恻隐之心，也可能体会到了失去双眼的痛苦，于是向弟弟苏加提出，他将钻石"柯伊诺尔"交给苏加，免除挖马哈茂德的眼睛。苏加同意了，只将马哈茂德关在监狱中。

这时，英国人的势力已侵入印度，苏加国王到白沙瓦与英国人谈判合作事宜，当他返回首都喀布尔时，他那没被挖掉双眼的哥哥马哈茂德逃出监狱，并组织了一支军队，打败了苏加并将他监禁。马哈茂德重新登上王位后，不仅没有报答曾保护他眼睛的兄长扎曼，反而忘恩负义，将扎曼流放。扎曼在流放时，投靠了印度的锡克人首领辛格。他向辛格建议，派锡克军攻打马哈茂德救出苏加，酬劳是送给他大钻石"柯伊诺尔"。辛格听从了扎曼的建议，派军击败马哈茂德救出了苏加，并从苏加手中获得了钻石"柯伊诺尔"。这样，可怜的"柯伊诺尔"离开诞生地印度在国外流亡整整100年后，总算又回到了印度。

辛格曾把"柯伊诺尔"镶在手镯上，缝在头巾上，甚至镶在马鞍的一侧来炫耀。1838年辛格心脏病发作，在快死时，下令将他所有的珠宝分送给牧师和穷人，可是钻石"柯伊诺尔"却留给了辛格的继承者。

约10年后，爆发了锡克人和英国军队之间的战争，英军获胜，1849年3月29日，双方签署了条约，其中有一条是：把钻石"光明之山"（即"柯伊诺尔"）交给英国女王。从此之后，这粒巨钻正式改称"光明之山"了。

英国人用多种保护措施，于1850年将"光明之山"从印度运到英国。不久，在英国伦敦海德公园的晶体宫中，将钻石"光明之山"公开展览，在展览的5个半月内，吸引了600万参观者，这个人数相当于当时英国总人口的三分之一。参观的人数虽多，但看后却都很失望，因为这颗历史上如此著名的钻石并不像许多报道上形容的那样是"光芒四射"，关键是钻石的切磨形状和工艺都太糟了。

"光明之山"到英国时，重量是191克拉，它用古印度工艺切磨成"高玫瑰花型"，上面留有几个难看的瑕疵，并且不光亮。展览完毕后，英国皇室决定重新切磨"光明之山"，这时只有一位古董宝石专家反对，他认为光明之山是古代加工的，应原样保留才更有价值。现在看来，这位专家的意见完全正确，"光明之山"是一件记录了无数历史事件的珍贵文物，后人怎么能为装饰自己而破坏它的原貌呢！

人们经过长期的摸索，一直到1919年才由美国人塔克瓦斯基设计计算出最佳的钻石形状——标准圆钻，按他算出的角度和比例去切磨，得到的钻石光彩夺目，美丽非凡，现代市场上出售的钻石，大多数都是这样切磨的。可是，"光明之山"的改磨在1852年，当时理想的钻石形态尚未发明。可想而知，虽然钻石"光明之山"的重量从191克拉减少为108.9克拉，它的闪光现象只是有一些改善，但并不理想，可作为历史文物的价值则大部分丧失了。

重新切磨后的"光明之山"，被镶嵌在英国女王维多利亚的胸针上，女王死后，又被改镶在英国玛丽王后王冠上。英王乔治六世即位后，于1937年为王后伊丽莎白制作王冠，

"光明之山"又被镶嵌在王后的王冠顶上十字架的正面。

也许是历史巧合，"光明之山"从来没有镶在英国男性国王的王冠或饰物上，传说男性佩戴它会带来灾祸，而女性饰用它则吉星高照。

看来，钻石"光明之山"的归宿似乎已是尘埃落定了，可事实上并未完结。1976 年，当时的巴基斯坦总理布托向英国提出，要求归还钻石"光明之山"。英国首相卡拉汉正在考虑时，印度驻伦敦的官员辛格提出，"光明之山"应该归还印度。与此同时，伊朗（古波斯）和阿富汗也提出类似的要求。目前，钻石"光明之山"仍在伊丽莎白王后的王冠上，收藏在英国伦敦塔的珠宝馆中。

伊朗国王王冠上的红钻"光明之海"

世界上最大的粉红色钻石"光明之海"，它的名字如果按音译，应叫做"达亚伊诺尔"。"光明之海"原石的重量，据说是 787 克拉，它与"柯伊诺尔"一样，都是在 17 世纪时，发现于古印度戈尔康达地区著名的科勒钻石矿。有意思的是，"柯伊诺尔"是淡蓝色，而"光明之海"是粉红色。

"光明之海"最初属于古印度南部的一个王公，后来进贡给莫卧儿皇帝沙杰汗，"光明之海"与"柯伊诺尔"一起，在莫卧儿皇宫里珍藏了多年。其间，"光明之海"被古印度工匠琢磨成一粒重约 300 克拉的高玫瑰花形的成品钻石。

1739 年，波斯沙赫纳狄尔率大军攻入莫卧儿帝国首都德里，钻石"柯伊诺尔"和"光明之海"都被当做战利品运回了波斯。从此之后，"光明之海"被深藏在波斯（今伊朗）的皇宫中，大约因为它那高玫瑰花的外形并不美观，曾经改磨过一次，重量减为 176 克拉。

珠宝奥秘

第一章　宝石之王——钻石

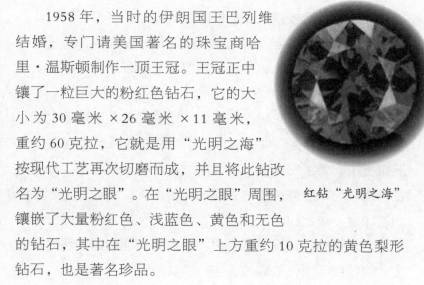

红钻"光明之海"

1958 年，当时的伊朗国王巴列维结婚，专门请美国著名的珠宝商哈里·温斯顿制作一顶王冠。王冠正中镶了一粒巨大的粉红色钻石，它的大小为 30 毫米 ×26 毫米 ×11 毫米，重约 60 克拉，它就是用"光明之海"按现代工艺再次切磨而成，并且将此钻改名为"光明之眼"。在"光明之眼"周围镶嵌了大量粉红色、浅蓝色、黄色和无色的钻石，其中在"光明之眼"上方重约 10 克拉的黄色梨形钻石，也是著名珍品。

价值相当于俄国大使性命的钻石"沙赫"

在 400 多年前，古印度的戈尔康达河谷中有几万工人，头顶烈日在挖掘砂石并用河水冲洗，结果在杂色的砂石中，发现了一颗特殊光亮的石子。它纯净透明，微带黄色，大约有 3 厘米长，这就是被后人称为"沙赫"的著名钻石。

这颗钻石被送进了一个土邦首领的宫殿，收藏在贵重的宝石箱里。古印度工匠将一些小钻石砸成极细的粉末，调上油，再用削得尖尖的细棍蘸取这种粉末，给钻石刻字。不知道花了多少时间，克服了多少困难，才在钻石的一个晶面上刻了几个波斯文："布尔汗·尼查姆·沙赫第二·1000 年"（相当于 1591 年)。

这颗黄色的钻石后来被掠入莫卧儿帝国的皇宫，莫卧儿皇帝沙杰汗不仅是鉴赏珠宝的行家，而且自己会琢磨宝石，他又在这颗黄色钻石的另一晶面上，亲手刻上："查汗基之子·沙杰汗·1051 年"（即 1642 年)。经过这两次刻字以后，这颗黄钻就被人们叫做"沙赫"。

就在沙杰汗聚精会神地给钻石刻字时，他的宫廷中正酝酿着一个大阴谋，他的几个儿子策划着夺取皇位，经过一段时间的明争暗斗，三儿子奥朗则布取得胜利，他在沙杰汗生病时将他关了起来，自己于1658年当了皇帝，成了钻石"沙赫"的新主人。

1739年，波斯沙赫纳狄尔率军攻占了莫卧儿帝国首都德里，钻石"沙赫"、"柯伊诺尔"、"光明之海"全被当作战利品运回波斯。钻石"沙赫"上第三次被刻上："卡杰尔·法塔赫·阿里沙赫"的字样。经过这3次刻字和刻槽，钻石"沙赫"的重量由95克拉减为88.7克拉。

1829年，俄国驻波斯大使在波斯首都德黑兰被人刺死，俄国沙皇大怒，威吓要报复，为了平息沙皇的怒火，波斯派王子霍斯列夫·密尔查率领代表团到俄国首都彼得堡谢罪，王子送给俄国沙皇一件宝物，这就是历尽沧桑的钻石"沙赫"。这样可以算出，它的价值在当时看来，相当于一个大使级外交官的性命。此后，"沙赫"一直保存在俄国。

历史名钻"沙赫"

迷雾重重的钻石"布拉冈斯"

17世纪末，在巴西的米纳斯吉拉斯州首次发现了金刚石，随后又在皮奥伊州找到了含有金刚石的沙砾层。由于巴西金刚石的产量比印度大得多，因而迅速取代了印度成为当时世界上金刚石的主要产地。在巴西，发现过可能是世界第二大的宝石金刚石"布拉冈斯"；还有占世界第6位，重

726.6 克拉的宝石金刚石"瓦加斯总统"。

从现代观点看,巴西的金刚石产量也很有限。19 世纪中叶,南非发现了储量丰富的金刚石矿,巴西作为"世界主要金刚石产地"的地位,被南非迅速取代了。

巴西发现金刚石时,还是葡萄牙的殖民地。当时的葡萄牙国王为了垄断这份宝藏,规定居民凡采到重 20 克拉以上的宝石级金刚石时,必须上交给皇家,如果隐瞒将处以重罚。18 世纪 90 年代初,在巴西东部的米纳斯吉拉斯州,有三个因犯重罪而被终生流放在这个人烟稀少地区的犯人,被迫从事开采金刚石矿的艰辛劳动。

在 1798 年的一天,幸运似乎向这三个犯人招手了,他们沿着阿巴依戴河找金刚石时,突然发现河滩上有一块几乎有鹅蛋那样大的砾石,它无色透明而略带微蓝,三个犯人认为可能是金刚石,便拾了回来。不管何人何时,发现如此大块的宝石金刚石,都是一件了不起的大事。于是三个犯人决定把这块金刚石交上去,希望由于这一功劳而得到国王的赦免。但是,犯人想见当地的官员是不容易的,又怕被别人骗走了金刚石,三人商议结果,去请当地神甫帮助。神甫是个好人,经过一番联系,终于将这块奇珍交到了葡萄牙驻巴西总督的手中。面对这样大的一块宝石金刚石,总督不敢相信它是真的,于是找来宝石专家进行鉴定。鉴定的结果令人震惊,它不仅是一块真正的宝石级金刚石,而且是当时世界上最大的宝石金刚石(目前世界最大的宝石金刚石库利南的发现比它晚 100 多年)。经过这样一番周折,这块珍贵的宝石终于被送到葡萄牙王宫。由于

神秘的布拉冈斯

发现巨大宝石的功劳，三个流放犯人被赦免，协助他们的神甫则获得了一笔传教费。

这块宝石金刚石重 1 680 克拉，因为它发现于阿巴依戴河的河滩上，故最初按地名命名为"阿巴依戴"，后来因归葡萄牙王族所有，又以王族的姓来命名，改称"布拉冈斯"。

"布拉冈斯"进入葡萄牙王宫之后，从此销声匿迹了。据传闻，它被加工切磨成了一块巨大的钻石，重 560 克拉，如果真是如此，那它将是世界第一大钻。因为现在世界最大的钻石"非洲之星第 I"，也仅重 530.2 克拉。据说在 20 世纪 30 年代，美国宝石研究所曾向葡萄牙政府打听金刚石"布拉冈斯"的情况，可并未得到任何答复。

掀起金刚石狂潮的南非

谁都知道，钻石是最珍贵的宝石，它的价格十分惊人。可是，有多少人了解钻石究竟隐藏在自然界的什么地方呢？它又是怎样生成的呢？要知道这些，我们得从 19 世纪发生的"寻找金刚石的狂潮"谈起。

人们说：那是第一道发现钻石的闪电，它闪过南非金伯利的上空。

1866 年，在南非中部，距霍普顿城约 60 千米的奥兰治河（又译橘河）南岸，达尼尔·雅各布斯的女儿——一位天真的小女孩在布满卵石的河滩上游玩，无意之中，她拾到一粒发亮的小石子，大约和她的拇指头一样大。小姑娘将石子带回家给妈妈看，这时，有一位经常到她家做客的猎人尼科克看到了这粒漂亮的石子，而且很喜欢它，好心的妈妈就将石子送给了客人。后来尼科克先生向他的一位商人朋友夸耀这粒发亮的石子，这位商人见过一些世面，他怀疑这粒石子是可以磨钻石的金刚石，于是尼科克把石子送到南非的大城市开普敦去请专家鉴定。对于有宝石知识的人来说，金刚石并不难辨认，可是，像拇指头这样大的一粒金刚石的价值，却使很多人眼红，尼科克没有得到专家的正面答复，却收到了当时南非最高长官英国总督的一封信，说他愿出 500 英镑购买这粒发亮的石子。在当时，500 英镑是一笔不小的财产，尼科克同意卖掉这粒石子，他没有忘记小女孩妈妈的好意，从 500 英镑中分了一半给她。这是在非洲发现的第一粒宝石级金刚石，它重 21.5 克拉，虽然不算太大，但它的意义非常重大，后来被命名为"尤利卡"。第一粒金刚石的发现，像在金伯利地区上空闪过的一道闪电，它没有留下痕迹，奥兰治河两岸的金刚石仍在那里沉睡。

过了两年，尼科克先生忽然想到，他曾经听说过，有一位黑人巫医也有一颗会闪光的大石子，他用这颗石子念咒行医，这颗石子莫非又是……，于是，他去拜访了这位巫医，很快就谈成了一笔双方都非常满意的买卖。尼科克送给巫医 500 只羊、10 头母牛和一匹马，总价值 250 英镑，换得了那颗亮晶晶的石子。那位巫医不仅惊异，而且很怕这位"是否疯了"的白人会反悔，一颗石子有什么用处，能换那样多的牛羊？这位巫医哪里知道，转手之间，尼科克将这颗闪光的石子——一粒巨大的宝石金刚石卖给了利立菲兄弟商号，售价 12 500 英镑，是买价的 50 倍。

这颗宝石后来被命名为"南非之星"，它的重量是 83.5 克拉。

随着新闻报道，这笔买卖像第二道闪电，震动了当时的美洲、欧洲和澳洲，"寻找金刚石的狂潮"爆发了。狂潮的威力是如此强大，以至于艺术大师卓别林在他的电影杰作《淘金记》里描绘的淘金热，比起它来也黯然无光。当时的一位记者格斯特曾在南非金伯利城的报纸《钻石矿地通报》上作了这样的描绘："水手们离开了泊在港口的船；兵士们离开了军队；警察扔掉了步枪，放走了犯人；商人放弃了他们兴旺的营业；职员们离开了他们的办公室；农民们让他们大群的牲畜活活饿死。这些人全都向法尔河和奥兰治河的两岸赶来。"

南非奥兰治河

那时，南非还只有很少几处地方铺有铁路，更没有飞机和汽车等现代化的交通工具，寻找金刚石的人们只能迈着沉重的双脚跟在牛车后面行进。一群群带着发财梦的人们，经过几十天精疲力竭的奔波，终于到达法尔河和奥兰治河交汇处的金伯利城城郊，他们虽然累得半死，可是当看到蕴藏着巨大希望的奥兰治河两岸时，却不禁高兴得欢呼雀跃起来。

成千上万如醉如狂的金刚石挖掘者一窝蜂地涌到金伯利，一个接着一个着魔似的胡挖乱掘。最初，他们不敢挖到半米深以下，生怕别人抢在前面轻易地在地面拾到金刚石。有一个人挖了半天没有结果，累极了，就在一座泥屋的阴凉处坐下吸一口烟。运气来了，他的脚在尘土中无意一踢，一颗闪亮的金刚石跳了出来，抬头一看，泥屋的墙上也粘着闪亮的金刚石，于是他在地面上、墙上胡挖乱刮，又找到了不少金刚石，另一个人在倒塌的猪栏里找到了金刚石，这一下整个金伯利疯狂了，寻找金刚石的人们把目光都转向了房屋，于是整座的房屋被拆成废墟，可是，却再也找不到金刚石了。接着，又有人在一只鸭子的嗉子里找到了大大小小上百粒金刚石，这一下金伯利所有的鸡鸭全遭了殃，但是，谁也没有从鸡鸭体内找到第二次幸运。金刚石似乎像幻影一样，难以捉摸。

1871 年 7 月 16 日，坚持向深处挖掘的库力斯堡合伙采掘队获得了成功。他们占据了几十平方米的土地，一直向深处挖，终于找到了金刚石。就这样，诞生了非洲第一座金刚石矿——库力斯堡矿，也叫"新热潮矿"。

南非金刚石矿的特点之一，是颗粒巨大的宝石金刚石较多。例如世界最大的宝石金刚石"库利南"（3 106 克拉）、第三位的库利南另一半（1 500 克拉）、第四位的"高贵无比"（995.2 克拉）、第七位的"琼克尔"（726 克拉）和第八位的"欢乐"（650.8 克拉），全产自南非。目前全世界已发现的近 2 000 粒重 100 克拉以上的宝石金刚石，有 95 %以上（即有 1 800 多粒）都产于南非，由此可见一斑。

金刚石是怎样生成的？

1871 年后，经过无数人在南非金伯利的多年挖掘，加上科学家的研究，知道金刚石产于一个大约一亿年前形成的古老火山口中，火山口向下如同垂直的管子。大约一亿年前，地下深处炽热的岩浆（熔化了的岩石）沿着管子上冲，由于火山口经常被堵死，上冲的岩浆在极其巨大的压力下冷却，结晶成为坚硬的岩石，岩浆中含有的少量纯碳或石墨，在高温和极巨大的压力下，结晶成了金刚石，包含在坚硬的岩石中。

这种含有金刚石的岩石，因为于 1870 年在南非金伯利城附近的火山岩管中第一次被发现，因此被叫做"金伯利岩"。

岩管中的金伯利岩在漫长的年代中受到风化破坏，变成一种蓝色的泥土，金刚石由于特别坚硬而且性质稳定，因此毫无变化地藏在蓝土中。流水把岩石经风化变成的砂石泥土搬运到河流中，自然也携带了一些金刚石，并且在河流的适当地方沉积下来。这种沉积在河床中或河滩上的含有金刚石的砂石，叫金刚石的冲积砂矿，前面谈的那个小女孩在奥兰治河滩上拾到的金刚石，就产在冲积砂矿中。

残留在火山管道上端原地未动的蓝土，其中含有较多的金刚石，这叫金刚石的残积砂矿。金伯利库力斯堡金刚石矿，就建在残积砂矿上。蓝土可以深达几百米，其下是坚硬的含金刚石的金伯利岩，这叫金刚石的原生矿。

金刚石的残积砂矿很容易开采，只要把蓝土挖出来用水淘洗就成了。因此，在金伯利那个岩管的蓝土上，当年聚集着像蚂蚁群一样的人们。他们在挖掘、提土，运出去淘洗和挑选，谁都怕比他的邻人慢一点。金刚石的含量大约是两千万分之一，也就是说在 4 吨蓝土中，才可能找到 1 克拉 (0.2克) 金刚石。

经过十几年的开采，金伯利岩管变成了一个巨大的垂直深洞。1889 年，垄断企业德比尔斯公司用一笔巨款，购买了南非的全部金刚石采矿权，这样，金伯利岩管周围像鼠洞一样多的小矿坑，因全部停产而长出了野草。巨大的金伯利岩管则继续生产到 1915 年才停止。

金伯利岩管是目前人类挖掘而造成的最大垂直深洞，它近似圆形，直径约 500 米，呈漏斗状，越向下越细，最深处坑底距地表达 900 米，废弃之后，深洞被上面掉落的泥沙充填了一些，又灌进了深约 250 米的水，从地表到水面，还有 200 米左右。

这个大深洞陆续生产了近 50 年，开采金刚石的人们用双手在这里挖走了约 2 500 万吨泥土，总共获得了近 1 500 万克拉的金刚石。

此后，在南非金伯利城附近及其他地区，又陆续发现了不少含金刚石的岩管，探明金刚石储量达 3.65 亿克拉。从当时的情况看，世界上不同国家的金刚石矿，绝大多数都位于这种火山岩管中。

长期以来人们一直认为，原生金刚石长在金伯利岩（按组成岩石的成分，地质界称为角砾云母橄榄岩）之中，两者是同一时期结晶形成的。100 年之后的 20 世纪 80 年代，在澳大利亚的钾镁煌斑岩（属于一种富氧化钾和氧化镁，暗色矿物结晶程度高的火成岩，在地下像墙一样产出）岩筒中也发现含有金刚石。经科学家对"金伯利岩"和"钾镁煌斑岩"的观察研究，得知金刚石原来不是直接生长在金伯利岩（或钾镁煌斑岩）中，而是直接生长在榴辉岩和橄榄岩岩石团块中。地质学家把榴辉岩中的金刚石称为"E"型金刚石；把橄榄岩中的金刚石叫做"P"型金刚石。并把岩石团块称为它们的捕虏体。为了寻求它们之间的相似"生长基因"，科学家对金刚石的形成温度、压力条件进行了测定。得出"P"型金刚石形成的温度为 900℃～1 300℃，其结晶压力条件相当于 150～200 千米深处，即在上地幔结晶形成；"E"型金刚石的结晶温度比"P"型金刚石还高，形成深度更深一些。因此得出了金刚石与橄榄岩（或榴辉岩）的生成地，都是在地幔深处。科学家还利用同位素衰变测年技术分别测定了它们的结晶年龄：如南非金伯利和芬什矿区的"P"型金刚石的结晶年龄为 33 亿年，金伯利岩的结晶年龄仅为 1 亿年。金伯利岩比金刚石出生（即形成）晚 32 亿年。又如，产于澳大利亚阿盖尔岩筒的"E"型金刚石的结晶（生成）年龄是 15.8 亿年，而捕虏该金刚石的钾镁煌斑岩的结晶（生成）年龄是 11 亿年至 12 亿年之间。钾镁煌斑岩比金刚石结晶（生成）晚 3.8 亿年以上。

上述两组"生长基因"测定可以大体说明，金刚石和橄榄岩（或榴辉岩）是在地下深处的地幔生成的，而且生成得很早；金伯利岩（和钾镁煌斑岩）生成得很晚，当它们生成后，在地壳深处捕虏了富含金刚石的橄榄岩（或榴辉岩）岩块，沿着断裂带或地壳裂隙将它们快速带到地壳的浅处，形成了今日的金刚石矿矿床。这就是很快得到众多科学家赞同的"金刚石捕虏晶成因说"。这种情况好有一比：远古时代带有棺椁的木乃伊，在 100 多年前被强盗抢掠到竹筏上运到一个小岛的岩石缝隙中隐藏起来，恰巧遭遇地质变动将木乃伊、棺椁、竹筏同时掩埋起来，后来又被现代人发现了。经过仔细研究才知道，木乃伊是 3 000 多年生成的，而竹筏只是近代的产物，它只不过是个运送工具而已。

事有凑巧，1995 年，一个叫做吉芬的地质学家在芬兰北部的金伯利岩中发现了含金刚石很富（1 吨岩石含金刚石 80 000 克拉，即 16 千克）的地幔榴辉岩捕虏体。这一发现表明，地幔深处确实存在富含金刚石的岩石层，也为金刚石捕虏晶成因说提供了有力的证据。

世界最大的宝石金刚石"库利南"

由于钻石越大越罕见，因此钻石的价格随重量的增加而迅速增高。例如重 1 克拉的钻石价 5 000 美元，而 2 克拉重的钻石一粒则为 14 000 美元，3 克拉重的钻石将卖到 30 000 美元。

重量超过 100 克拉的宝石级金刚石，是非常罕见的，一旦发现，不但要给它取一个专门的名字，并且将进行新闻报道。人类利用金刚石作装饰品，至少有 2 000 年以上的历史，可迄今全世界已发现的重量超过 100 克拉的宝石金刚石，不过 1 900 多粒。其中超过 1 000 克拉的仅 3 粒。

1905 年 1 月 25 日，南非的普列米尔金刚石矿，有一名叫威尔士的管理人员，偶尔看见矿坑边缘的地上半露出一块闪闪发光的东西，他用小刀将它挖出来一看，是一块巨大的宝石金刚石，大小为 5 厘米 ×6.5 厘米 ×10 厘米，大致相当于一个成年男子的拳头那样大，重 3 106 克拉。直到现在，它仍然是世界上已发现的最大的宝石金刚石，它以当时公司董事长的名字命名为"库利南"。

"库利南"后来被南非的德兰士瓦地方当局用 15 万英镑收购，于 1907 年 12 月 9 日为祝贺英国国王爱德华三世的生日而赠送给英国王室了。

1908 年初，"库利南"被送到当时切磨钻石最权威的城市——荷兰的阿姆斯特丹，交给阿斯查尔公司加工，加工费 8 万英镑。由于原石太大，须要预先按计划打碎成若干小块。打碎它是一件极其困难的工作，因为如果策划不周或技术欠佳，这块巨大的宝石金刚石会被打碎成一堆没有什么价值的小碎片。

打碎工作由荷兰著名工匠阿斯查尔承担，他用几个星期的时间来研究库利南，按它的大小和形状制作了一个玻璃模型，并设计了一套工具。他先用这些工具对玻璃模型进行试验，结果模型按照预想的要求被劈开。休息几天之后，1908

年 2 月 10 日，阿斯查尔和助手来到专门的工作室中，将库利南放在一个大钳子中紧紧钳住，然后将一根钢楔放在金刚石上面预先磨出的槽中，阿斯查尔用一根沉重的棍子敲击钢楔，"啪"的一声，"库利南"纹丝不动，钢楔却断了。阿斯查尔脸上淌着冷汗，在那紧张得像要爆炸的气氛中，他放上了第二根钢楔，再使劲地敲击了一下，这一次，"库利南"碎裂了，阿斯查尔却昏倒在地板上。

英国国王的权杖
1661 年英王查理二世举行加冕典礼时制成。1910 年在权杖上端加镶了世界最大的钻石"非洲之星第Ⅰ"。它形似水滴，大小如鸡蛋，重 530.2 克拉

"库利南"完全按照预定计划裂开了。然后由三位熟练的工匠，每天工作 14 个小时，琢磨了 8 个月，一共磨成 9 粒大成品钻石和 96 粒小成品钻石。这 105 粒成品钻石总重量为 1 063.65 克拉，为"库利南"原重量的 34.25%，由此可知，宝石金刚石在切磨成钻石时，重量损失很大。

在 9 粒大钻石中，最大的一粒叫做"非洲之星第Ⅰ"，重 530.2 克拉，为水滴形，大约有一个鸡蛋那么大，琢磨了 74 个面，它是当今世界上最大的无色透明的成品钻石，目前镶在英国国王的权杖上。次大的一粒叫做"非洲之星第Ⅱ"，重 317.4 克拉，外观呈方形，磨有 64 个面，它是世界上第二大成品钻石，现在镶在英帝国王冠下方的正中。其余 7 粒的重量分别为 94.4 克拉、63.6 克拉、18.8 克拉、

11.5 克拉、8.8 克拉、6.8 克拉及
4.39 克拉。

德比尔斯——钻石的同义语

只要是稍有钻石知识的人，没有不知道德比尔斯公司的。的确，谁能忘得了公司的著名广告

用语："钻石恒久远，一颗永流传"呢？"德比尔斯（De Beers）"这几个字，已成为钻石的同义语。这主要是因为在半个多世纪中，德比尔斯公司控制了全世界 70%～80% 的钻石销售，每年的销售金额高达 50 亿美元。

1866 年，南非的金伯利地区发现金刚石后不久，德比尔兄弟建立了两个采矿场，即金伯利矿和德比尔斯矿。当时的金伯利地区有着无数的小矿主，毫无计划地胡挖乱掘。同时，市场也很不稳定，当产量较高或有人抛售时，金刚石价格会大跌，而在产量降低或有人收购时，价格又会猛涨。这时，英国企业家罗德斯因病到南非疗养，他目睹奥兰治河两岸的金刚石矿被毫无计划地胡挖乱掘，又了解到金刚石市场的不稳定情况，于是产生了将南非的全部金刚石生产和销售垄断起来的想法，这样必然会使金刚石的供销和价格稳定，而且会获得巨大的经济利益。

于是在 1873 年，罗德斯在一个犹太财团的帮助下，用一笔巨款买下了德比尔兄弟的采矿场和南非的全部金刚石矿，并于 1888 年成立了德比尔斯公司，统一生产和销售金刚石。1902 年罗德斯去世，德国人奥本海默到非洲，买下了德比尔斯公司的股权。经过多年的经营，到 20 世纪 30 年

代，德比尔斯公司已完全掌握了整个非洲的金刚石开采权。1939年，奥本海默联合金刚石产销方面的人员，成立了金刚石销售公司。此后公司逐渐扩大，演变成今天总部设在英国伦敦的"中央销售组织"，英文简称 CSO。近年来，CSO 又重组为德比尔斯公司下属的宝石金刚石销售机构"国际钻石商贸公司"，简称 DTC。

多年来，中央销售组织控制了全世界 80％以上的金刚石销售量，但其中只有 20％是自己的金刚石矿所产，其余则是从各国著名的金刚石产地收购而来，例如俄罗斯、博茨瓦纳、澳大利亚、扎伊尔等国家，这些国家都和中央销售组织订有购销合同，按照合同规定：它们的金刚石矿必须把绝大部分产品卖给中央销售组织，而不准卖给别的客户；中央销售组织必须买进这些合同矿山生产的绝大部分金刚石，即使世界金刚石市场疲软，销售困难时，也必须买进。

这种垄断销售的优点是：金刚石生产国销售产品可以得到保证，而世界市场上的金刚石由于有中央销售组织调节供应量，价格比较稳定不容易大起大落。但是，这也使德比尔斯公司垄断了一切，操纵着世界上的金刚石供应量和价格，违反了市场经济的"公平竞争"原则。

德比尔斯公司控制的中央销售组织，是一个批发宝石级金刚石的机构，它是这样进行交易的：德比尔斯公司每年举办 10 次（每 5 周 1 次）金刚石的"观摩交易会"，只有"观摩证持有人"才有资格在交易会上向德比尔斯公司直接购买金刚石。当然，其价格比外面市场上要低得多，而且有可能买到市场上根本见不到的珍品。全世界目前仅有 180 名观摩证持有人，主要是大珠宝商。由于有这种直接购买的特权，他们可以获得高额而又稳定的利润。因此，观摩证持有人不少是世代相传，观摩证成了家族世袭的财产。

观摩证持有人虽然有直接购买的特权，可也要为此付出高昂的代价。

在每次观摩交易会前，德比尔斯公司将几千粒大小和质量不同的宝石金刚石分选组合，装在若干小盒中，然后由中央销售组织向观摩证持有人分配这些小盒，买主只有权决定"买或不买"，要买就得买一盒，而且就是分配给你的这一盒，不能调换，更不准挑选。

观摩证持有人如果对分配给他的这一小盒金刚石很不满意，是否会拒绝购买，等下次再买呢？据说很少有人会这样做，因为这样会触怒德比尔斯公司，他们甚至会取消你的观摩证持有人资格，这一来财源就全断了。

这种完全是卖方市场的销售法，可以保证德比尔斯公司将它想卖的金刚石全都卖掉，并且是公司所满意的价格。当然，所定的价格也使买主转手出售时有利可图，因为其他任何人都不可能从德比尔斯公司直接购到宝石金刚石。

由于种种原因，新组建的DTC对这一套销售办法，已经有了一点松动，即持有观摩证的客户可以在规定日期提出购买原石的申请和要求，交给DTC的看货委员会，委员会根据宝石金刚石的库存，市场状况和价格等综合考虑后，按要求配好一盒原石给申请者。

德比尔斯这一套垄断销售办法，已施行了半个多世纪。近年来，由于不断发现新的产量很大的金刚石矿，同时由于世界政治形势的变化，使德比尔斯公司这一套购销办法受到了严重的挑战。

中央销售组织对宝石金刚石控制得非常严，它甚至要求金刚石生产国将所生产的全部金刚石都交到伦敦中央销售组织的总部，而这些国家钻石加工业所需的宝石金刚石，得专门再向伦敦购买。此外，它收购的价格也过低，因此引起了世界主要金刚石生产国俄罗斯、澳大利亚、扎伊尔，甚至南非政府的不满，这些国家曾多次决定本国留下一定数量的金刚石，直接向国际市场出售。另外，非洲安哥拉的金刚石直接走私到国际市场，数量逐年增长。所有这些，使德比尔斯公司对世界金刚石销售量的控制，由80%以上减少到75%左右，不过目前看来，尚未到发生危机的地步。

为了应付新的挑战，德比尔斯公司近年的销售战略计划有很大变化。它不再是单一的注视宝石金刚石原料的销售，而是改而注重钻石成品市场的销售。因为他们认识到，钻石首饰市场情况好，销售顺畅，那对宝石级金刚石原料的需求和价格必然会增长。

为此，德比尔斯调整了观摩证持有人的数量，将持有人数从180余人削减到不足100人。即将他们认为对于钻石销售市场没有作为的持有人的观摩证取消，要求所有持有人不仅买卖宝石金刚石，并且要努力开拓钻石首饰市场。这样，使许多观摩证持有人拓宽了他们的业务，不再仅仅是购买宝石金刚石然后切磨成钻石出售，而是更进一步将钻石加工成新款首饰到市场上去推销。这样一来，使本来只有德比尔斯一家在大力宣传"钻石恒久远，一颗永流传"，而扩展为由大量的钻石商也参与到宣传和实际销售中来，使钻石市场进一步振兴并增加了活力。

钻石"千禧之星"大劫案

20世纪80年代，非洲扎伊尔的金刚石矿山产出了一块质量极佳，重达777克拉的巨大宝石金刚石。1990年，德比尔斯公司花重金买下了这块宝石金刚石，随后交给世界著名的钻石切磨公司，由5名工匠耗时3年，将它切磨成了一粒重 203 克拉的水滴形钻石。此钻石质量极佳，属最高的 D 色级（即中国的 100 色），净度也是最高的 FL（即无瑕级）。本来，777 克拉重的原石可以切磨成更重的钻石，可是为了达到无瑕级的净度，把略有瑕疵的部位切掉了，使成品钻只有 203 克拉。德比尔斯公司将此钻石作为向 2000 年——千禧年献礼的主要珍宝，故将它命名为"千禧之星"。

英国为迎接 2000 年——千禧年的来临，在世界标准时间起始地，伦敦的格林尼治建造了一座千禧宫，耗资 12 亿英镑，英国希望它成为一个新的旅游参观景点。

1999 年 9 月 8 日，德比尔斯公司在伦敦千禧宫举办的"千禧钻"展览开幕，展览的千禧钻系列包括：重 203 克拉的巨钻"千禧之星"，还有环绕在千禧之星四周的 11 粒深蓝色钻石，它们的重量从 5.16 克拉至 27 克拉。即使在彩色钻石的著名产地南非，众多的金刚石矿山一年也只能产出 1 粒深蓝色的宝石金刚石，由此可见这 11 粒深蓝色钻石的珍贵。

在千禧宫的钱币厅，观众分成 20 人至 30 人一组参观"千禧钻"，参观全程约 5 至 6 分钟。钻石陈列在防弹的玻璃罩中，由于有着最先进的光学设备，将钻石的影像投射出来，使每一位观众都可以看见钻石就像悬在他伸手可及的空中一样。

据估计，钻石"千禧之星"的价值高达 5 亿美元，对于如此贵重的珍宝，安全保卫自然极为严密。不仅钻石前的玻璃罩是防弹的，而且展区内有着多处报警设施和秘密监视的摄像机。可就是这样，仍旧有一伙强盗正在阴谋抢劫"千禧钻"。

2000 年 11 月 7 日上午 9 时 30 分，

钻石"千禧之星"
重 203 克拉，原石重
777 克拉，产于扎伊尔

英国的千禧宫
位于伦敦格林尼治，钻石"千禧之星"
大劫案即发生于此

千禧宫开门后不久，有 64 名观众已进入千禧宫参观，门外还有几百名观众在等着。这时，一辆极其巨大的黄色掘土机在附近行驶，由于千禧宫的附属工地还在施工，有掘土机经过不足为怪。突然掘土机方向一转，朝着千禧宫展厅的墙猛力撞去，与此同时，混在观众中的两名强盗从包内掏出防毒面具迅速套在头上，然后大叫着并扔出烟幕弹，观众顿时大乱，四散奔逃。两名强盗立即对陈列钻石的珠宝展柜又砸又撬，那台大掘土机也向展厅开了过来接应。就在这时，正在展厅内打扫卫生的几名清洁工丢下工具，掏出枪支向强盗扑去，同时 100 多名手持长短枪的警察立即包围了展厅，并冲了进去。千禧宫外，另有大批警察监视，几架警方的直升机正在待命，准备随时起飞追逐盗贼。

在警方的枪口下，进入千禧宫的 4 名强盗立即被活捉，随后在伦敦泰晤士河畔，又抓住准备用快艇接应同伙逃跑的强盗 2 人，与此同时，在英格兰南部强盗们的老巢，警察逮捕了 5 名抢劫的策划者及其同伙，至此，总共 11 人的抢劫集团全部落网。

就在抢劫案发生当天的上午，在展览钻石的钱币厅对面的音乐厅中，有 66 名英国 11 岁至 16 岁的中学生正在排练节目，对钱币厅中警察抓捕抢劫强盗的事，孩子们居然并不知道。

为什么英国警方能如此干净利索地抓住全部强盗，这是由于事先警方就得到了情报。在强盗们行动的前夕，德比尔斯公司接到警方的通报，因而迅速将展览的真钻石取出，全部换成复制品，并作了周密的防范。破获这次抢劫案的最大的受益者，那就是伦敦千禧宫，由于它建成后游客稀少、困难重重，自从发生钻石大劫案后，千禧宫名声大振，成了全世界注意的焦点，无数的人都想去看看抢劫案发生的现场，以及那著名的"千禧钻"，这就给千禧宫带来了巨大的旅游商机。

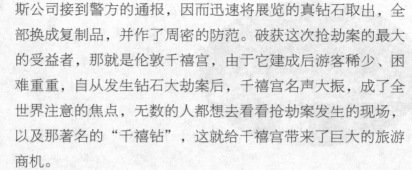

金刚石的首席产地在哪里

目前世界上产量最大的两个宝石级金刚石生产国是俄罗斯和澳大利亚，他们寻找开发金刚石矿的历史充分说明：用落后的古老方法寻找金刚石，耗费的时间很长而且效果有限，而采用现代化的地质找矿技术后，就迅速获得巨大的成功。

俄罗斯金刚石矿的发现，经历了漫长而曲折的过程。1829 年，在俄国乌拉尔的一个含金和铂的砂矿中，发现了第一粒金刚石。此后，围绕着乌拉尔这个地区，找了 100 多年金刚石，可只找到了一些很小的砂矿，收获甚微。

1937 ~ 1940 年，著名地质学家 B·C·索波列夫经过长期研究后指出，西伯利亚地区与南非盛产金刚石地区的地质情况十分相似，肯定西伯利亚有丰富的金刚石存在。理论上虽然说有金刚石存在，可实际找起来困难重重。找了 10 多年，仍只找到一些小的砂矿，原生的含金刚石岩管仍旧毫无踪影。

1953 年，发现了有一种矿物——镁铝榴石和金刚石长在一起，地质学家以这种矿物为线索追寻，终于在 1954 年发现了第一个含金刚石的岩管，取名为"闪光"。这时，距俄国发现第一粒金刚石已 125 年了。随后，运用多种现代化手段，在西伯利亚的雅库特地区的 100 万平方千米内又找到了 700 多个金伯利岩岩管，其中一部分岩管富含金刚石，使俄罗斯从 1971 年起，金刚石的年产量达到 1 000 多万克拉。

俄罗斯产金刚石的特点是质量好，宝石级的占总产量的一半，因此，它实际上是世界上头号的宝石金刚石生产国。

1851 年，一艘在澳大利亚东南部新威尔士开采黄金的采金船，无意之中发现了澳大利亚第一粒金刚石。随后，人们围绕这一地区开始寻找金刚石，前前后后找了 100 多年，除了发现一些不大的砂矿外，可以说没有什么收获。

到了 20 世纪 20 年代，地质学家普顿德发表了自己的研究成果，认为澳大利亚西北部高原与南非盛产金刚石的金伯利地区在地质条件上很相似，认为这里是产金刚石的"希望地区"。可是，普顿德的意见当时无人重视。

40 年后，即 20 世纪 60 年代开始，俄罗斯根据地质理论找到了西伯利亚雅库特金刚石产地的经验，引起了澳大利亚人对普顿德理论的重视，这才将寻找金刚石的地区由澳大利亚东部转到西北部，掀起了找金刚石的热潮。当时，有几十家公司向政府申请勘探权，圈定各自找金刚石的区域，同时，采用了各种现代化的手段，甚至以每小时 210 英镑的价格租用直升机勘查，每天的费用支出达 2 000 英镑，这笔钱并未白花，果然迅速取得了惊人的成果。

在南非发现产金刚石的金伯利岩 100 多年后的 1975 年，在澳大利亚西部，澳大利亚地质学家发现另一种来自地壳深处的岩石——钾镁煌斑岩富含金刚石，在 60 多个可能含金刚石的钾镁煌斑岩岩管中，发现了一个富含金刚石的巨大岩筒，它的直径近 1 000 米。1979 年探明，平均 1 吨岩石含金刚石 6.8 克拉，储量达 4.1 亿克拉，占世界金刚石总储量的三分之一。在这个巨大岩筒的附近，还有丰富的金刚石砂矿。

到20世纪80年代后期，澳大利亚的阿盖尔矿山投产后，金刚石年产量超过了扎伊尔，成为最新的"世界首席金刚石产地"。1986年产金刚石2 920万克拉，1988年产3 500万克拉（即7吨），相当于世界全部年产量9873万克拉的35.45%，1993年又增长到4 100万克拉，使世界年产金刚石突破1亿克拉的大关。远超过世界上任何一个国家的年产量。

在澳大利亚产的金刚石中，有一些粉红色的，这是受人喜爱的颜色，价格也比普通白色（即无色）的贵很多倍。

由上面的叙述可知，世界首席金刚石产地经过了多次改变，而且越变越快。最古老的首席产地是印度，它占据这个宝座两千多年；接着是巴西，它只占了不到200年就让位给了南非，南非占的时间更短，仅仅半个世纪就让位给扎伊尔。扎伊尔呢！只不过经历了更短的30年，澳大利亚就赶了上来，成为最新的世界金刚石首席产地。扎伊尔保持第二（年产1 650万克拉），博茨瓦纳第三（年产1 470万克拉），俄罗斯排位第四（年产1 150万克拉），而南非则屈居第五（年产980万克拉）了。

由于科学的日新月异，现代地质找矿理论的巨大指导作用，以及各种先进仪器设备的威力，才使人类发现了越来越多的金刚石矿藏。近年来，加拿大的金刚石储量和产量迅速上升，有后来居上之势。

不久的将来，又会在地球上的什么地方发现新的金刚石矿呢？世界首席金刚石产地又将转移到何方？让我们拭目以待。

中国的金刚石产于何处

我国有关金刚石的记载是非常古老的。两千多年前成书的先秦著作《列子·汤问篇》中写道："周穆王大征西戎，西戎献锟铻之剑，火浣之布。其剑长尺有咫，炼钢赤刃，用之切玉，如切泥焉。"汉代古书《十洲记》也记有："秦始皇时，西胡献切玉刀。"

从现代观点看，锟铻之剑和切玉刀，都应该是镶有金刚石的刀具。这是我国最早的关于金刚石的记载，不过，当时还没有"金刚石"这个名称。

"金刚"一词来自佛经，据东晋时高僧鸠摩罗什的解释，"金刚"二字的意义是：坚固，锐利，能摧毁一切。

"金刚石"这个名称，最早见于唐代刘所著的《隋唐嘉话》一书（距今约 1 300 年），书中有一条记载的大意是：在唐太宗贞观年间，有一位印度来的和尚说他得到了一枚佛的牙齿，用它可以刻画任何坚硬的东西，于是都城长安的各种人士纷纷到和尚那里看稀奇。当时一位官员傅奕，他正在病中，听说此事后，对他儿子说："这不是什么佛的牙齿，我听说过金刚石最坚硬，没有什么东西能抵抗它的刻画，只有用羚羊角可以击破它，你可以前去试试。"这位印度和尚对佛齿包裹得非常严密，傅奕的儿子求了他半天，才肯拿出来看。傅奕的儿子用羚羊角猛击佛齿，将它打碎了。

在上述记载中，清楚地用到了"金刚石"一词，并说它的硬度无物能敌。可是，金刚石的脆性是很大的，用羚羊角能击碎它虽不可信，但用铁锤却不难将它击碎。这条记载还说明在唐代时，雕琢玉器已经常采用金刚石了。

那么，中国出产金刚石吗？产在哪里？

中国发现的最著名的一颗宝石金刚石，名叫"常林钻石"。1977 年 12 月 27 日，山东省临沭县岌山镇常林村女青年魏振芳在翻地时，发现了一颗巨大的金刚石，它淡黄色透明，大小为 36.3 毫米 ×29.6 毫米 ×17.3 毫米，重 158.786 克拉。

"常林钻石"发现后，全国各大报纸都曾专文报道。目前，这颗宝石金刚石存在中国人民银行总行中，在山东临沂地区建材公司存有"常林钻石"的玻璃复制品。

常林钻石

此外，山东省还发现过好几粒闻名于世的巨粒宝石金刚石，1937年秋，山东郯城县罗家莫疃的老农民罗振帮，在金鸡岭下的菜地里，发现一粒巨大的宝石金刚石，它比核桃略大，淡黄色透明，当时称重1.8两，约相当于281克拉。因发现于金鸡岭，故取名为"金鸡钻石"，后被侵华日军掠走。

郯城县位于山东省南部两条平行的河流沂河与沭河之间，由此可知，金鸡钻石是产于河流冲积的砂矿中。山东临沭至郯城地区，位于沂河及沭河中游，为了寻找金刚石的原生矿，我国的地质工作者沿着沂河向上追索，果然，山东第七地质队于1965年8月24日，在沂河支流源头的蒙阴县蒙山脚下，发现了著名的含金刚石的金伯利岩。这里是我国第一个找到并正式开采的金刚石原生矿，目前看来规模还很小，年产金刚石不到10万克拉。此矿于1983年11月选出一颗重119.05克拉的金刚石，命名为"蒙山1号"。1991年5月和7月，相继发现重65.57克拉和67.63克拉的金刚石，分别命名为"蒙山2号"和"蒙山3号"。1981年8月在郯城县开采出重124.27克拉的金刚石，命名为"陈埠1号"，1982年9月和1983年5月又分别采出重96.94克拉和92.86克拉的金刚石。

除山东省外，我国的著名金刚石产地还有湖南省和辽宁省。

据历史记载，早在明朝弘治年间（1488 年），在今湖南省常德附近的沅江中，就有淘金人淘得了特殊的无色透明砂粒，这种砂粒在阳光照射下闪烁耀眼，并有彩色光辉，用它刻画铁器，像刀砍木头一样，用它刻画瓷碗，轻松自如。淘金人当时称它"八角子"，送到官府中，取名为"金刚石"。可见在 500 年前的明朝时，我国湖南已有金刚石产出。

可是，由于我国古代并不把宝石级的金刚石作为珍贵的装饰品，因此它毫不受重视。从明朝起直至 1937 年抗日战争前，在这 400 多年漫长的时间中，湖南的沅江流域虽然多次淘出金刚石，但当时只能装在小碟中，每碟十几粒，拿到农村集市上去卖，当时在桃源、黔阳等县不难买到，而且价格极其低廉。谁会去买这些"毫无用处"的砂粒呢？说来有趣，是补碗匠。过去瓷器的价格比较贵，打碎了舍不得扔，要找补碗匠把它补好再用。补碗匠用一把像胡琴弓一样的钻子在破瓷器上钻孔，钻子头上就镶有一小粒金刚石，用不了一分钟，一个小孔就钻成了。在破瓷器上钻了一串小孔后，补碗匠用小锤轻轻将小铜锔子打进小孔中，把破瓷器连接在一起，再涂一点民间惯用的防水材料，使破瓷器的接缝处不漏水，这样，瓷器就补好了。所以过去有这么一句俗话："没有金刚钻，别揽瓷器活。"指的就是过去在补破瓷器时，金刚石是在破瓷器上钻孔必不可少的工具。

更可惜的是，因为补瓷器钻孔用的金刚石都用小粒

的，当淘到较大粒的金刚石时，为了能卖出去，常常故意用锤子击碎成小颗粒的，这真叫我们现代人哭笑不得。

湖南省于1952年成立了现代化的金刚石找矿勘探队，1958年，在常德建立了中国第一家金刚石开采企业六一矿。

湖南的金刚石产量和储量都不大，但质量不错，约有80％的金刚石都达到宝石级，最大的达到52克拉。

辽宁省的金刚石发现最晚，但储量最大，目前是我国主要的金刚石产地。

1971年，地质工作者在辽宁省南部复县瓦房店的岚崮山，发现了含金刚石的金伯利岩。经过10多年的勘察工作后确定，这里的金刚石储量占我国总储量的一半以上，瓦房店于是成为中国最大的金刚石矿区。这里的金刚石质量也很好，有70％达到宝石级。1990年10月23日，大连瓦房店金刚石股份有限公司正式开始生产，目前年产量不到10万克拉。此矿曾采出重60.15克拉，38.26克拉和37.92克拉的巨粒金刚石，分别命名为"岚崮1号"、"岚崮2号"和"岚崮3号"。

我国现在每年天然金刚石的总产量，不过十几万克拉，比起全世界的天然金刚石总产量1亿多克拉而言，实在微不足道，因此，我国市场上所出售的钻石首饰，钻石的来源

金刚石

几乎全部是从国外进口的。

买钻石指定要南非的吗？错了

常见人们在选购钻石首饰时，要反复问钻石是否南非的，某些出售钻石首饰的商店为迎合顾客的这种心理，也就公开打出"南非钻石"的招牌。其实这是一种误导。

从产量上看，目前世界上金刚石产量占前四名的是：澳大利亚、扎伊尔、博茨瓦纳和俄罗斯，南非仅占第五位。每年世界上生产的宝石金刚石，约70％～80％被德比尔斯公司垄断收购，全部运到英国混合后按质量分级，再由德比尔斯公司控制的英国伦敦中央销售组织配售给持有"观摩证"的特权购买商。这些购买商买到宝石金刚石后，将全部送到世界几个著名的钻石加工地去加工切磨。这几个加工地是：比利时的安特卫普、以色列的特拉维夫、印度的孟买和美国的纽约。世界上每年出售的绝大部分钻石，都是这几个加工地切磨的。

比利时的安特卫普市有8 000人从事钻石的加工切磨，加工出的钻石从半分起到几克拉，每年加工的钻石占世界总量的20％。以色列的特拉维夫也有切磨钻石工人数千人，切磨出的钻石以小钻为主，重量由1分至半克拉。比利时和以色列的钻石切磨工艺甚佳，钻石行业内部说："以色列工"或"比利时工"就是指钻石的切工优良。

美国纽约有切磨钻石工人1 000多人，主要切磨重1克拉以上的大钻，其切工亦甚优良。印度孟买及其附近为世界小钻石加工中心，有钻石切磨工人约80万人，每年加工出的钻石总量达2 000万克拉，占世界钻石总产量的70％以上。印度切磨钻石的工人虽多，但主要是家庭作坊式，工具落后简陋，所加工的宝石金刚石多半是质量欠佳的。因此，印度加工出的钻石质量不佳，经常是角度不准、腰部偏厚，出火（光亮）不好。钻石的"印度工"成了质量欠佳的同义语。

此外，俄罗斯和南非等国，也有规模不小的钻石加工业，各有几千人至上万人从事切磨钻石。但是，俄罗斯和南非所切磨的宝石金刚石，主要部分也是从德比尔斯配售来的。

宝石金刚石在上述加工地切磨成钻石后，再由各国的钻石商到加工地成批购买，销往世界各地。

可以想象，即使是安特卫普、特拉维夫、孟买和纽约的钻石商，向全世界来的珠宝商出售钻石时，他能分得清楚哪一粒钻石的原料是产自何处的吗？不可能的。实际上，任何一个金刚石生产国的金刚石，既有质量优良的，也有质量低劣的。

怎样用肉眼选购钻石首饰

在选购钻石首饰时，对上面镶嵌的钻石可按"4C"标准来衡量，即重量、颜色、净度、切工及出火几方面来考虑和检查。

重量　从中国大陆目前市场看，销售得最多的钻石是10分至30多分的圆钻。这类钻石直径约2.9毫米至4.5毫米，用这样大的钻石镶嵌的钻戒，适合女士们日常佩戴，看起来相当华丽，价格也不算很昂贵。当然，如果经济条件好，可以选购镶1克拉至1.25克拉左右的钻石，它的直径约6.4毫米至7毫米，镶在戒指上是够豪华气派了。

颜色　选购钻石首饰时，首先注意的应该是钻石颜色，颜色越白越好。如果钻石是镶在白色的铂金或K白金戒托上，由于戒托是纯白色，钻石镶在上面只要看起来不显黄色就很好了。如果略显微黄，这也可以，价格应略低些。如果有明显的黄色，那质量欠佳，除非价格特别优惠，否则不必购买。

净度　用肉眼观察钻石内部，观察时从正面、背面和侧面三个方向看，看时并且要转动。如果反复观察看不见有杂质，那这粒钻石的净度就过得去了，按净度级别说，它至少是 SI 级或更高的 VS 级。没有必要非追求 VVS 级的，因为佩戴时效果完全一样，VVS 级肉眼看不见杂质，VS 级或 SI 级肉眼也看不见杂质，作为钻石首饰佩戴时其效果没有什么区别。

宝石级金刚石

切工及出火　所有镶在首饰上的钻石，肉眼观察时都是晶莹闪亮的，即都是"出火"的。可是出火有好有差，须比较才能看出。在商店的首饰柜台中，陈列有大量的钻石首饰，消费者可以比较大小相同的钻石的"出火（即明亮）"程度，越明亮的当然越好，说明切工优良。此外，可以观察钻石的腰部（即钻石最宽处），一般讲，腰部薄一些较好，腰部太厚说明切工欠佳。

前面讲过，钻石的切磨工艺有"比利时工"、"以色列工"和"印度工"之分，可是这几种切工消费者自己无法区别，只有问出售的商店。不过最可靠的方法还是观察钻石的出火情况。

买钻石的误区　作为一般消费者，购买1克拉以下的钻石首饰时，没有必要追求净度VVS的，也没有必要追求颜色极白的，因为它们的价格太贵，日常佩戴也显不出有什么优点，倒不如花同样的价钱买一个更大的钻石首饰合算。

第二章

五彩缤纷的有色宝石

钻石虽好，可绝大部分是无色的，虽然世界上有颜色鲜艳的彩色钻石，但产量极其稀少，价格极为昂贵，绝大多数的人一生也难见到。因此，将人生装饰得五彩缤纷的，是数量较多的"有色宝石"。

所谓有色宝石，种类繁多，高档宝石有红色的红宝石、蓝色的蓝宝石和翠绿色的祖母绿。中低档的则有桃红色的红碧玺、正红的尖晶石、天蓝色的蓝黄玉，紫色的紫水晶等等，都是我国市场上常见的。

此外，具有猫眼闪光和星光的有色宝石，也是人们喜爱的中高档装饰品。

热情似火的红宝石

自然界有一种矿物叫做"刚玉"，它的化学成分是氧化铝（Al_2O_3）。刚玉非常坚硬，硬度是 9 级，仅次于金刚石，由于玻璃硬度是 5.5 级，水晶硬度 7 级，因此用刚玉刻画玻璃和水晶，不费劲就可以划上明显的伤痕。除坚硬外，刚玉的化学性质稳定，不怕酸碱，也不怕高温，这一切都是作为高档宝石的必备条件。

红色的、透明程度好的刚玉晶体称为红宝石。红宝石由于颗粒大小和质量不同，价格相差极大。劣质的小颗粒红宝石，每克拉价可不足 100 元，而极优质的大粒红宝石，每克拉可超过 10 万元。香港佳士得拍卖公司于 1995 年秋季拍卖会上拍卖了一个镶红宝石戒指，所镶的红宝石质量极其优良，重量达 9 克拉，拍卖底价高达 300 万港币。

在选购红宝石时，首先看颜色，颜色以较深的纯红色或微带紫的鲜红色为佳，紫红色或带棕的红色较差，棕红色更差。此外，颜色深暗发黑或很浅呈粉红者，都属于质量欠佳。缅甸的莫谷地区，出产一种世界闻名的"鸽血红"红宝石，意思是这种红宝石像鸽子的血一样鲜红而微带紫色。由于"鸽血红"太出名，于是东南亚不少旅游地点在出售红宝石首饰时，都说是"鸽血红"，其实"鸽血红"红宝石极罕见，价格又极其昂贵，就连国际著名的拍卖会上也极少出现，在一般市场上，是见不到"鸽血红"红宝石的。其次是看红宝石的出火情况，用肉眼观察红宝石内部是否反射出闪烁的红光，红光闪烁明显，在宝石的任何部位都有闪光是最佳的出火。出火的好坏决定于宝石的净度和切工，绝大多数红宝石，其内部净度都不太好或非常差，这是全世界所产的红宝石的共同特点。内部杂质裂纹极少甚至"极洁净"

红宝石戒指　　　　　　夏瑀 摄

的天然红宝石，十分罕见（只有人造红宝石可以达到内部极洁净）。因此，红宝石只要它的中央部位没有很大的杂质或裂纹，也没有大量的云雾状包体，这样的净度就算不错了。

红宝石的切工一般都不太好，也很难用肉眼检查，只要宝石能有出火现象就不错了。

对于一般消费者，购买红宝石首饰的要求可以这样考虑：宝石的大小由3毫米×5毫米至5毫米×7毫米，重量由0.3克拉至1克拉即可，更大更重的红宝石价格要翻好几倍；颜色为中等红色，略偏浅也可以，但不宜呈棕红色；净度磨工不必专门检查，如果宝石能出火就很好了。

在宝石市场上，习惯以产地（国家，含有质量及价值之意）称呼红宝石，即红宝石的"商业品级"。常见的如缅甸红宝石。颜色以"鸽血红"为代表，也有"牛血红"（微暗红）、"樱桃红"（略浅于鸽血红）色的。目前，世界上质量最好的红宝石主要产于缅甸。

泰国红宝石（也称暹罗红宝石）。颜色呈暗红、浅棕红色（或褐红色）。经过热处理后的红宝石，其颜色与缅甸红宝石相似。

斯里兰卡红宝石。颜色呈浅红、红、淡紫色。有的具有六边形颜色分带。

越南红宝石。颜色呈粉红、深红、紫红、浅紫红。

柬埔寨红宝石。与泰国红宝石相同。

巴基斯坦红宝石。与缅甸红宝石相似，质量极好。

印度红宝石。颜色呈红、鲜红、暗红色，质地优良。

红宝石项链 郭克毅 摄

坦桑尼亚红宝石。以玫瑰红为主，还有红、褐红、暗红等色。颗粒大。

肯尼亚红宝石。颜色为粉红、玫瑰红、褐红，半透明者居多。

目前我国市场上出售的红宝石，绝大多数是从泰国进口的产品，它的特点是经过高温焙烧以改善颜色。这类红宝石的优点是颜色都可以，但净度很差，内部看来浑浊一片，根本不出火或很少出火，出火好一些的，价格就贵得多了。

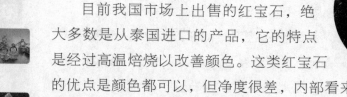

夏瑀 摄

华贵典雅的蓝宝石

"蓝宝石"这个名词，主要指蓝色的，透明程度好、质量达到宝石级的刚玉。可是，在宝石行业内，"蓝宝石"这个名词的含义要广泛得多，它是指：除红宝石以外，质量达到宝石级的任何颜色的刚玉。也就是说，蓝色的、黄色的、绿色的、紫色的、粉红色的、橙色的、褐色的、黑色的、变色的、猫眼的和透明无色的刚玉，全都叫"蓝宝石"。在实际使用时，前面再加上颜色，例如：黄色蓝宝石、绿色蓝宝石、无色蓝宝石等。那种永不磨损雷达表的表蒙，就是用人造无色蓝宝石磨制而成。日常我们使用"蓝宝石"这个名词时，按习惯指"蓝色蓝宝石"。

蓝宝石与红宝石都是矿物刚玉，二者除颜色不同外，其他性质完全相同。蓝宝石的蓝色色调变化很大，可由近于无色的微蓝变到几乎不透明的黑蓝。最佳的颜色是透明而微带紫的深蓝色。如果带有绿色或灰色，这都是不好的颜色，蓝色中带有绿或灰色越重，宝石的质量越低，颜色质量的好坏，使蓝宝石的价格有巨大的差别。

蓝宝石的"商业品极"也和红宝石一样是以产地称呼的。虽然优质蓝宝石产地迅速增多，产地称呼已意义不大，但宝石市场仍然沿用以往的习惯。如常见的称呼有：

克什米尔蓝宝石。鲜艳、光彩强，颜色呈矢车菊蓝色（微紫的靛蓝色或天鹅绒状紫蓝色），被尊为上品，近年并未生产。市场上的克什米尔蓝宝石可能是缅、泰、美、斯里兰卡生产的类似蓝宝石。

缅甸蓝宝石。颜色呈鲜蓝、浓蓝、微带紫蓝。有的可见六边形颜色分带，有的可见六射星光。缅甸是世界上主要优质蓝宝石出产国之一。

泰国蓝宝石。颜色呈深蓝、黑蓝、蓝黑等色，常见星光蓝宝石。

斯里兰卡蓝宝石。颜色深蓝、淡蓝、蓝紫、紫、绿、黄及无色。常见星光蓝宝石。一般质地优良，斯里兰卡是优质蓝宝石的主要出产国。

此外，还有蒙大拿（美国）蓝宝石、非洲蓝宝石、澳大利亚蓝宝石、柬埔寨蓝宝石等。

中国蓝宝石。主要指山东昌乐产的蓝宝石。

山东蓝宝石的特点是颜色深得发黑，几乎不出火。当宝石的颗粒大一点时，仅在较强的透射光中才显现

夏璃 摄

出带有绿色调的深蓝色。作为蓝宝石而言，这是较差的颜色。因此，山东蓝宝石的颜色越浅越好，可遗憾的是颜色浅的产品非常少见。

山东蓝宝石的净度很好，内部很少有裂纹和杂质，可是太深黑的颜色掩盖了净度的优点。小于 4 毫米 ×6 毫米的山

东蓝宝石，有时还能看见一点出火，而 5 毫米 ×7 毫米以上的山东蓝宝石，看起来几乎是全黑的。山东蓝宝石的最大优点是价格相当低廉。

目前在我国市场上销售的蓝宝石有三大类：一是以中国山东昌乐产的蓝宝石为代表，少量从澳大利亚进口的蓝宝石也属此类；二是进口的斯里兰卡蓝宝石和缅甸蓝宝石；三是经过高温改色的泰国蓝宝石。

澳大利亚蓝宝石的质量与山东蓝宝石相似，因而只有少量进口。

斯里兰卡蓝宝石和缅甸蓝宝石是同一类型的，其质量属于一流。比山东蓝宝石优良得多。颜色是鲜艳的纯蓝色且经常太浅。对于这类蓝宝石而言是颜色越深越好，从没有深而发黑的现象，且不带绿色。这类蓝宝石由于颜色好，透明度高，出火情况经常不错。当切工精良时，整个蓝宝石会闪烁着"满天星"一样的蓝色闪光，异常美观。市场出售的这类蓝宝石经常切得太薄而漏光，因此出火都较差。

当宝石重量相同时，斯里兰卡蓝宝石比山东蓝宝石要贵得多。

泰国蓝宝石原来也是颜色深黑欠佳，常采用高温焙烧使其颜色变浅。从质量看，泰国蓝宝石大致介于山东蓝宝石和斯里兰卡蓝宝石之间。

世界著名的蓝宝石有：美国博物馆收藏的重 563 克拉的印度产星光蓝宝石，还有一颗重 116.75 克拉深紫色优质"午夜"星光蓝宝石及一颗重 100 克拉橙色（帕德马刚玉）蓝宝石。英王室皇冠上镶嵌着两颗有历史意义的蓝宝石，一颗是色彩绚丽、玫瑰花形的圣爱德华蓝宝石；另一颗是长 1.5 英寸宽 1 英寸颜色非常美丽的斯图亚特蓝宝石。

美艳深沉的祖母绿

如果问世界上最美的绿色是什么？答案可能是各式各样的。有人会回答是："秧苗的嫩绿"；有人会说是："雨后冬青的翠绿"。可这些都不够美，世界上最美艳的绿，是优质祖母绿的颜色，这种绿色就被命名为："祖母绿色"。

祖母绿戒指　　郭克毅 摄

人类认识、利用祖母绿的历史悠久，早在前 4 000 年，在古巴比伦市场上就出售过祖母绿。古希腊将它作为献给女神"维纳斯"的礼物。历代民间都有把祖母绿作为传家至宝的，但统治者对它的喜爱却大胜过民间。据说 2 000 多年前的古埃及女王克列奥普特拉经常佩戴祖母绿首饰；南美印加帝国国王的皇冠上，镶有 453 颗祖母绿（最大者重 45 克拉）；英帝国的国王王冠上也镶有许多祖母绿；伊朗王室收藏了大量祖母绿；原莫卧儿大帝的一颗重 136.25 克拉的祖母绿，被西班牙人从印度北部的神庙里掠走，后又落入俄国的金刚石宝库中。中国古代的祖母绿是经"丝绸之路"传入的。据说，杜十娘怒沉的百宝箱中就有祖母绿；明代北京十三陵出土的皇帝龙袍腰带上，有数十颗祖母绿；慈禧太后殉葬的金丝被上，缀有两颗祖母绿，每颗重约 80 克拉。

祖母绿被世人尊为"绿色宝石之王"，是当今世界上公认的四大珍贵宝石之一。这四大宝石正好代表着四种美艳：钻石无色透明，闪耀着明亮的彩色光芒。而红宝石、蓝宝石和祖母绿，分别代表着热情似火的红色、华贵典雅的蓝色和美艳深沉的绿色。

优质的祖母绿价格非常昂贵，可以与优质的钻石相比。例如在1977年的国际市场上，有一副重18.35克拉的祖母绿耳环，售价高达52万美元。不过祖母绿的价格因质量不同而差别很大，优质者每克拉价格可达几千至1万多美元，而细粒劣质者每克拉价格仅数十美元。

祖母绿是矿物绿柱石的一种，即质量达到宝石级的含铬致色翠绿绿柱石。大粒优质祖母绿非常罕见，市场上出售的绝大部分祖母绿，内部经常有一些裂纹和杂质，透明度减弱，同时颗粒也很小，常不足1克拉。

祖母绿很脆，受到剧烈撞击时或镶嵌首饰时用力较大，很容易碎裂，因此要特别注意。

在选购祖母绿时，首先应该注意它的颜色。最佳的颜色是浓艳而又深沉的绿色，可以带有蓝色调，而带黄色调者则质量较差。绿色浅淡，色调不正或带灰色的祖母绿都属于低质量者。

祖母绿的净度大多数较差，它的内部经常充满了杂质和裂纹，看起来有些浑浊，不太透明，就是这样的祖母绿，如果颜色好，价格仍很昂贵。至于颜色好，净度高，内部很少杂质又没有裂纹的祖母绿，其价格将极其昂贵，非一般消费者所能问津。

由于祖母绿主要是欣赏它那艳美的绿色，因此大多切磨成方形的所谓"祖母绿型"，即使切工不错，祖母绿的出火也很平常甚至不出火。因此在选购时，只要颜色较好就可以满意，不必过分要求净度，而出火与否可不必考虑。

世界著名的祖母绿多被各国博物馆收藏。如：美国自然史博物馆内有重1 383.95克拉的"德文希雷"绿色晶体祖母绿和重 630 克拉的"帕特里希亚祖母绿"晶体，还有五块分别重 1 796 克拉、1 752 克拉、1 492 克拉、1 100 克拉和 220 克拉未命名的祖母绿晶体，它们都产于世界著名的哥伦比亚穆佐矿山。最大的祖母绿雕件是 1642 年哈普斯堡家族雕刻的重 2 680 克拉的祖母绿"药膏瓶"。伊朗王室珍宝中收藏祖母绿最多，足有几千块美丽的祖母绿，许多块重量超过 50 克拉。一块重 7 克拉的猫眼祖母绿被美国华盛顿特区史密森研究所收藏。还有一块非常罕见的重 11.19 克拉的星光祖母绿，收藏在美国洛杉矶的州自然历史博物馆内。

闪耀着星光和猫眼的宝石

盛大的舞会正在进行，强烈的激光灯忽然照射在一位女士戒指的宝石上，只见宝石表面闪耀出明亮的六射星光，多么漂亮迷人！引起了在场男士们的惊叹和女士们的艳羡。这就是星光宝石的魅力。

中国古代有一则故事说，一位戴瓜皮帽的年轻人走进了珠宝店，当他注视着柜台里的珠宝时，突然一些假珍珠和假宝石都噼噼啪啪地炸裂了，店主一看，原来这年轻人的帽子上镶了一粒"猫儿眼"。猫儿眼宝石当真有这样的神奇力量吗？

猫眼宝石古代叫猫儿

金绿宝石猫眼

郭克毅 摄

蓝宝石星光　　　　郭克毅 摄

石膏猫眼　　　　郭克毅 摄

眼，现代则简称猫眼，这是一种具有猫眼闪光的宝石。星光宝石则指具有星光的宝石。猫眼闪光和星光都是宝石中奇妙的光学现象，由于它们的存在，使得很多宝石更为美丽迷人。

有些宝石磨成半球形或椭圆半球形时，在直射阳光或强烈的灯光照射下，宝石表面会出现一条闪光的亮带，它细窄灵活，外观很像中午时猫的眼睛，具有猫眼闪光的宝石，古代不加区分，都叫做猫儿眼，现代则叫做"××猫眼"。例如，具有猫眼闪光的石英和海蓝宝石，分别叫做石英猫眼和海蓝宝石猫眼。

猫眼闪光越亮越佳，并且要求闪光细窄灵活，好的猫眼闪光在转动宝石时，会随着变换位置，因此被叫做"猫眼活光"。

可能出现猫眼闪光的宝石种类很多，据了解目前全世界已发现的有 20 种以上，但大部分在我国市场上见不到。在我国市场上，最常见的是石英猫眼和矽线石猫眼。石英猫眼颜色有棕黄、白、无色等，为中档宝石；矽线石猫眼为黑棕色至黑色，为廉价的低档宝石。此外，市场上还可以见到一种价格非常昂贵的金绿猫眼，又叫斯里兰卡猫眼、锡兰猫

珍贵的星光与猫眼宝石

眼，或简称猫眼，它是棕黄、棕绿至蜜黄色的矿物——金绿宝石（铍和铝的氧化物），是最高档的猫眼宝石，产于斯里兰卡。

有些宝石磨成半球形（素面）后，在直射阳光或强烈的灯光直射下，半球形表面会出现明显的六射星光。具有这样星光的宝石，就在宝石名字的前面，加上星光二字，例如星光红宝石、星光蓝宝石等。

除六射星光外，有的宝石还会出现十字星光（四射星光），例如星光辉石。由于十字星光不如六射星光美观，辉石作为宝石也不如红宝石、蓝宝石珍贵，故十字星光石价格比较低廉。

还有一种具有"十二射星光"的蓝宝石，其中六射白色，另六射蓝色，白色星线与蓝色星线的夹角是30°，这是相当罕见的珍贵星光宝石。

怎样挑选猫眼和星光宝石

在中国大陆市场上，最常见的天然猫眼宝石是矽线石猫眼和石英猫眼。矽线石猫眼最为低档，目前主要镶在镀金或假金的首饰上，在旅游地点以低价出售。

石英猫眼为中档宝石，选购时首先注意猫眼闪光是否明显、细窄、灵活，此外还要注意宝石有无裂纹。

金绿猫眼是高档宝石，我国市场上出售的这种猫眼宝石几乎全部从斯里兰卡进口。颜色主要为黄绿色至深浅不等的棕黄色，以蜜黄色的最佳。选购时应注意有无裂纹。颜色好、

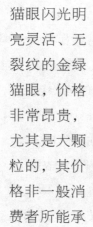

猫眼闪光明亮灵活、无裂纹的金绿猫眼，价格非常昂贵，尤其是大颗粒的，其价格非一般消费者所能承受。当价格较低时要注意，它可能有某些缺陷，例如明显的裂纹，猫眼闪光欠佳或颗粒很小等。

由于宝石出售时按重量计算价格，可猫眼闪光现象只出现在宝石的上表面，宝石的底部没有用处。可磨制宝石的人为了获得更大的重量，经常把猫眼宝石磨得非常厚，这样重量大可以多卖钱。因此选购时要挑选宝石薄的，以免多花钱。

在中国大陆市场上出售的星光宝石中，六射星光的有 4 种，即：星光红宝石、蓝色星光蓝宝石、黑色星光蓝宝石和星光石英，其中颜色鲜艳的星光红宝石和蓝色星光蓝宝石最为珍贵，另两种则属中档宝石。

挑选星光宝石时首先是注意星光，星光要端正明亮，六条亮线要没有扭曲或缺失。端正是指星光六条亮线的交点必须位于半球状宝石顶部的正中央（即最高点），不能有所偏斜，交点一偏，整个星光都是歪的，很不美观。明亮是指星光越亮越佳，最亮的星光在管状日光灯的照明下也清晰可见，这是最佳的；次一点至少也要求在直射阳光下或聚光小手电照射下星光明亮清楚，如果在这种情况下星光都看不清楚，那就是劣质品了。星光亮线要求平直而且完整，不能扭曲甚至断开，如果断开或有缺失，那也是劣质品。最好是亮线在

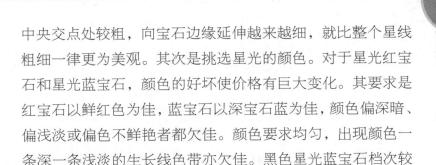

中央交点处较粗，向宝石边缘延伸越来越细，就比整个星线粗细一律更为美观。其次是挑选星光的颜色。对于星光红宝石和星光蓝宝石，颜色的好坏使价格有巨大变化。其要求是红宝石以鲜红色为佳，蓝宝石以深宝石蓝为佳，颜色偏深暗、偏浅淡或偏色不鲜艳者都欠佳。颜色要求均匀，出现颜色一条深一条浅淡的生长线色带亦欠佳。黑色星光蓝宝石档次较红、蓝色的低，颜色要求均匀即可。

选购时要注意宝石的厚薄，太厚的重量大多费钱不说，而且镶嵌有困难。

除六射星光外，市场上还有一种具有十字星光的黑色辉石出售，由于产量多价格很低廉。

中低档有色宝石的选购

前面叙述的红宝石、蓝宝石和祖母绿，都属于有色的高档宝石，价格比较昂贵，因此镶嵌在首饰上的宝石颗粒一般都比较小，多数不超过1克拉（约为5毫米×7毫米），这样大的宝石，对于制作戒指没有问题，但用于制作项链坠，就嫌小了一点。从装饰的效果看，项链坠可以说是越大越好，因为项链坠戴在脖子上，主要是给别人欣赏的，如果太小，远一点就看不清甚至看不见。因此，美国女电影明星泰勒在参加重大聚会时戴的项链坠上，镶着重达40克拉的巨型钻石，大小如手指头，在距她十几米远处，旁观者就会感到这巨钻的耀眼，起到"引人注目"的效果。

作为一般人，虽然不可能戴像泰勒那样的巨粒宝石，但也不能太小，作为镶嵌在项链坠上的有色宝石，重量最好在3克拉以上（不小于8毫米×10毫米），如能再大一些更佳。可是，这样大的高档有色宝石，价格太昂贵了，不是一般消费者所能问津的。因此，我们可以选用价格低廉、装饰效果并不差的中低档有色宝石。

所谓中低档有色宝石，品种很多，在我国市场上比较常见适宜于制作项链坠的有：红碧玺、绿碧玺、蓝碧玺、海蓝宝石和红石榴石；蓝黄玉（又名蓝托帕石）和紫水晶。

红色碧玺 碧玺宝石有多种颜色，例如红、绿、蓝、白、黑等，其中以红色的较珍贵，不过它也只是属于中档宝石，价格低于红宝石而高于红石榴石。

红碧玺的颜色与红宝石不同，它没有大红或正红色的，主要是深浅不等的桃红色，当颜色浅时，就成为粉红色。红碧玺的红色可以认为越深越好，不过深桃红的少见，价格也比粉红色的贵得多。当红色不正，偏棕色或偏黄色时，价格也将大大下降。

红色碧玺的净度大多比较差，内部经常有一些裂纹和包体杂质，作为戒面的红碧玺，其净度一般较好。消费者在选购红碧玺时，首先要挑选颜色是桃红色者，越深越好，颜色太浅或偏棕色的都不好，其次考虑裂纹包

碧玺　　　李雯雯　摄

体少、出火好的。大粒的红碧玺，例如重 3 克拉以上的成品，比小颗粒如 1 克拉左右的贵得多。作为项链坠，用深桃红色的大颗粒红碧玺，是相当不错的选择。

红石榴石 这是一种低档的宝石，它不仅价格低廉，而且颗粒大小对价格影响不大。例如，大小为 4 毫米 ×6 毫米（重约 0.6 克拉）至 9 毫米 ×11 毫米（重约 5 克拉）的红石榴石，其每克拉的价格差别不大。因此，购买大粒的红石

榴石制作首饰是很合算的。

红石榴石最主要的质量是颜色，它的颜色有血红、橘红、暗红至黑红。在多数情况下，红石榴石的颜色都偏黑，因此可以说，它的颜色越浅越好，发黑的最差。红石榴石的颜色有一个很大的缺点，即不管是什么红色，它都带有深浅不同的棕褐色，使红色不纯正。因此，颜色最佳的红石榴石其美观程度也比中低级的红宝石颜色要差。

除颜色外，再就要注意红石榴石的出火情况。由于石榴石净度都不错，出火的优劣主要决定于切工和颜色的深度。当颜色浅（不发黑）而切工不错时，红石榴石内部可以反射出深红色的闪光。当颜色深得发黑时，红石榴石看来像一粒黑石头，一点红色闪光也没有，其质量就很低劣了。当红石榴石颜色太黑时，可以挑切磨得薄一些的，薄的透明程度好一些，能看出宝石有棕红色。

蓝色黄玉　黄玉又名托帕石，属于低档宝石。它的价格虽廉但很美，是制作项链坠最理想的宝石之一。

当前我国市场上销售的天蓝色和蓝色黄玉，是无色黄玉经过人工改色而成，所以价格低廉。

蓝黄玉宝石的净度都非常好，透明度极佳，出火的好坏完全决定于切工，切工优良时，蓝黄玉显得晶莹剔透，闪烁着明亮的蓝光，非常美观诱人。

由于蓝黄玉是人工优化的低档宝石，产量较多，其颗粒大小对价格影响不大。例如重5克拉的蓝黄玉与重1克拉的蓝黄玉相比，每克拉的价格相同或略贵。而且重十几克拉甚

各种有色的刻面宝石

至更大粒的蓝黄玉，也不难买到。

如果将蓝黄玉和蓝宝石放在一起比较，立即可以看出，蓝宝石的蓝色纯正、华贵、典雅，而蓝黄玉的蓝色总带有绿色，不够典雅。但蓝黄玉的价格却比蓝宝石低多了，重5克拉以上，颜色和净度都不错的蓝宝石，不仅很难买到，而且价格惊人，可同等大小的蓝黄玉，价格还不到蓝宝石的十分之一，因此，用大粒的蓝黄玉制作首饰，符合一般消费者的收入水平。

紫水晶　紫水晶属于低档宝石，价格不高。它的净度一般都很好，而且没有裂纹，当磨工精良时，出火还不错。

紫水晶的颜色变化较大，从很浅的淡紫色到深浓的暗紫色全有，并且可能带有红、蓝等色调。其中以中等深度的红紫色者最佳，纯紫色者也不错，颜色太浅淡或太暗黑的都不好。在选购紫水晶时，主要注意颜色即可，其他问题都不大。紫水晶的价格也是依据颜色而定，美观的红紫色紫水晶比其他颜色的要贵得多。

第三章

无处不在的玉文化

中国人几乎没有不知道"玉"的。即使是边远山区的农村老太太，她可能不了解多少国家大事，但一定听说过"玉"。可见"玉"与中国文化关系之深远。

在中国，玉是美好的、高尚的象征。许多与"玉"字有关的成语，就很好地说明了这一点："玉洁冰清"用以说明操行高尚；"亭亭玉立"、"冰肌玉骨"、"美如冠玉"用以形容人体之美；人们夸奖宛转悦耳的歌声是"玉润珠圆"；"玉液琼浆"则专指神仙都爱喝的名酒和饮料；美丽的天宫被描绘成"琼楼玉宇"；请人帮忙时的客气话说是"玉成其事"。

可是，一般中国人对玉的了解并不多，只是认为玉可以制成首饰、雕刻成工艺品，玉好像都是很贵重的。可如果追问一句，"玉"是什

奥运奖牌——昆仑玉

么？这不仅一般人回答不了，就连研究玉石的专家，也很难用一两句话说清楚。

那么，玉究竟是什么？

中华文化的象征——玉和龙

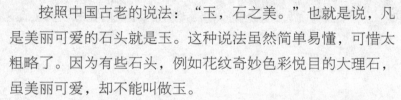

按照中国古老的说法："玉，石之美。"也就是说，凡是美丽可爱的石头就是玉。这种说法虽然简单易懂，可惜太粗略了。因为有些石头，例如花纹奇妙色彩悦目的大理石，虽美丽可爱，却不能叫做玉。

那么"玉"究竟是什么？根据现代的理解：玉是美丽可爱的石头，它的构造很细腻，可供琢磨雕刻成首饰或精美的工艺品。另外还要加上两个条件：一是要比较稀少；二是硬度较高，通常须与玻璃接近，即用小刀刻画不动。

这样就可以确定，大理石硬度低又太普通，它不是玉；红色的花岗岩磨光后漂亮得很，可是它的结构太粗不适于精雕细刻，而且也较普通，所以它也不是玉。

玉不是某一种石头的名字，它是一类石头的总称；就好像食物中的粮食，它也是总称，粮食有多种，如大米、玉米、小米等。玉也有多种，著名的玉如翡翠、软玉（和田玉）、蛇纹石玉（岫玉）、独山玉等。

中国是使用玉最早的国家之一。1976 年，在浙江余姚县河姆渡村的文化遗址中，发掘出了一批玉器，有玉璜、玉管和玉珠等。根据研究，这是距今已 7 000 年前古人类的作品，也是当今世界诸国从未发现过的最古老的玉器。

龙可以说是中华民族的象征，它代表着尊严、荣耀和无穷的力量。根据考古研究，早在 5 000 年前的新石器时代，对龙的崇拜就已经产生。而在当时人们精心雕制的玉石工艺

中华第一龙
发现于 5 000 年前的
红山文化遗址中，蛇
纹石玉制成，高 26
厘米，外形很像一"C"
字，造型及纹饰都很
简洁

青玉龙
发现于 3 000 多年前的商朝大墓中，青
玉制成，长 8.1 厘米，可以看出，经过
近 2 000 年的演变，它比中华第一龙更
接近现代龙的形象

九龙佩
用白色和田玉雕琢而成，直径约8厘米，明代制作

和氏璧

品中，就有了龙的形象。1971年，在内蒙古翁牛特旗三星他拉村的距今约5 000多年的红山文化遗址中，出土了一件玉龙，这是我国发现的最古老的玉龙，被尊称为"中华第一龙"，是无价的国宝。

玉龙用岫岩玉（蛇纹石玉）雕制而成，外形像一个英文字母"C"。它高26厘米，背上有突起的长鬣，其造型比我们现在常见的有四条腿、头上有双角的龙的形象要简单得多。

1976年春，在河南安阳商朝都城遗址殷墟附近，发现了一座3 000多年前的商朝大墓，墓主人是商王武丁的妻子妇好。在墓中出土的几十件玉雕动物中，有一条青玉龙，它长8.1厘米，系用软玉中的青玉雕制而成。这条比"中华第一龙"晚了近2 000年的龙，外形更接近现代的龙，只是还没有出现四条有巨爪的腿。

距今约500年的明代，玉雕工艺已高度成熟，技术达到了历史高峰。此时雕制的九龙佩上的龙活泼生动，好像在互相嬉戏。坚硬的玉石变成了柔软的好像有生命的龙的形象，其艺术水平的确令人惊叹。

在中国历史上，最著名的一块玉就是和氏璧。据古代记载，在2 700多年前的楚国，有一个人名叫卞和，他发现了一块玉璞（包有外皮的玉），拿去献给楚厉王，厉王让玉工看，玉工说是石头，厉王以为卞和骗他，下令砍断他的左脚。厉王死后楚武王继位，卞和又去献此玉璞，受到相同的待遇，又被砍断右脚。武王死后楚文王继位，卞和腿走不了，抱着玉璞在楚山下哭了三天三夜。文王知道后，这才派玉工剖开玉璞，结果得到一块极好的美玉，这块玉就被命名为"和氏之璧"。到战国后期，和氏璧被赵国的赵惠文王得到。秦昭王听说后，派人给赵王送了一封信，说愿意用15座城市换这块璧。当时秦强赵弱，赵王不敢不同意，于是派蔺相如携带和氏璧到秦国去。由于蔺相如的机智勇敢，使存心欺骗的秦王无可奈何，最后完璧归赵。

由于这个故事中说秦王要用15座城市交换和氏璧，就产生了我国常用的成语"价值连城"。秦始皇统一天下后，和氏璧到了秦国，秦始皇命丞相李斯用形似虫鸟鱼龙的篆字书法，写成"受命于天，既寿永昌"八个字，刻在和氏璧上，制成了传国玉玺。汉灭秦时，玉玺落入汉高祖刘邦手中，成为汉朝皇帝历代相传的玉玺。其后，从汉末三国直至晋、隋、唐的近千年间，凡是想当皇帝的，都千方百计想弄到这个传国玉玺。因此，它辗转流落，频繁地更换主人。一直到936年后唐末帝在亡国时携此玺自焚，这个宝贝终于失传了。后来虽又有人多次说发现了传国玉玺，并将它献给当时的皇帝，由于失踪的年头太长了，伪造这个传国玉玺的太多，真假难分，因此后来的皇帝都不用别人献来的所谓传国玉玺了。

由于实物已经失传，因此和氏璧究竟是什么玉，至今仍是难解之谜。

从玉器时代流传至今的古老玉器，其制作的原料有两种，即以新疆和田玉为代表的透闪石玉和以辽宁岫岩玉为代表的蛇纹石玉。

玉门关外和田玉

1863 年法国矿物学家达莫尔研究中国玉器时，把由透闪石组成的和田玉叫软玉，指由极细小的矿物透闪石或低铁阳起石组成的一种岩石。它细腻美观，硬度大于玻璃，韧性非常好，不易打碎，是最优良的玉石品种，其代表就是和田玉。

琮王（5 000 年前的文物）
软玉制成，高 88 毫米，直径 176 毫米，重 6.5 千克，中央有直径 49 毫米圆孔，为迄今发现的最大玉琮，1986 年 6 月在浙江余杭县反山良渚文化墓葬中出土

1986 年 6 月，在浙江省余杭县反山良渚文化的墓葬中，出土了一件巨大的"玉琮"。这是 5 000 年前部落首领才能拥有的宝物。它用软玉雕制而成，高 88 毫米，直径 176 毫米，重达 6.5 千克，中央有一个直径 49 毫米的圆孔。这是迄今发现的最大的玉琮，故称"琮王"，是国宝级文物。在这件玉琮中部两条竖线之间，浮雕有精美的神人图像，其中有的线条比头发还细。在 5 000 年前的良渚文化时期，人们还不会

琮王中上部浮雕的神人兽面纹浮雕的线条有的比头发还细，这是在 5 000 年前人们还不会使用任何金属工具时雕成的

使用金属。这个"琮王"应该是用加水的沙子，加上石刀、石尖等原始工具，耗费极大量的时间缓慢雕刻而成的。我们的祖先在制作此类工艺品时的耐心和执著，实在令人敬佩。

在唐代的诗歌中，有两首脍炙人口的七绝：

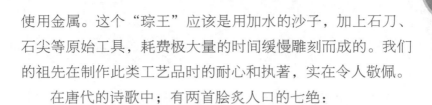

从军行（其四）

王昌龄

青海长云暗雪山，孤城遥望玉门关。

黄沙百战穿金甲，不破楼兰终不还。

凉州词

王之涣

黄河远上白云间，一片孤城万仞山。

羌笛何须怨杨柳，春风不度玉门关。

春风不度玉门关   杨征 摄

这两首诗都是咏玉门关的，那么，连春风都吹拂不着的玉门关在哪里？它是何时设置的，又因何而得名？

前138年，张骞奉汉武帝之命出使西域，回首都长安时带来了西域地区的许多土特产，其中有于阗（今新疆和田）的美玉（即软玉）。就这样，开通了中国古代对外交通最著名的"丝绸之路"，同时在敦煌之西的戈壁中，设置了两座关隘。由于西域的软玉源源不断地通过一座关隘运入内地，因此这座关隘取名为"玉门关"，另一座关隘在玉门关之南，我国古代以南为阳，故取名"阳关"。

由于大量的软玉运入，西汉时玉雕业迅速发展，达到相当高的水平。在今河北省满城西南约1.5千米处，有一座石灰岩构成的陵山。1968年夏，在山上施工时无意中发现山体中有一座宏大的古代陵墓。据后来研究知道，这是赫赫有名的汉武帝之兄中山靖王刘胜的坟墓，距今已有2 000多年。不久，在附近又发掘出了刘胜之妻窦绾的陵墓。在这两座墓中，出土了大批文物，其中最可珍贵的是刘胜和窦绾尸体上穿的金缕玉衣。

这两件玉衣各用2 000多片小玉片拼成，每片玉的四角有小孔，穿以金丝互相连缀。制作一套这种玉衣，据研究，在当时要一个熟练玉工耗费10年以上的时间。

西汉中山靖王刘胜的金缕玉衣
玉衣长约188厘米，用2 498片长方形、方形、三角形及梯形玉片组成，玉片的四角有小孔，穿金丝连缀，共用黄金约1.1千克。据研究，玉衣所用玉料有一部分是软玉，另一部分是蛇纹石玉

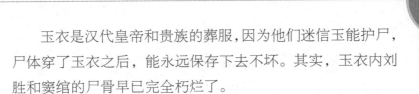

玉衣是汉代皇帝和贵族的葬服,因为他们迷信玉能护尸,尸体穿了玉衣之后,能永远保存下去不坏。其实,玉衣内刘胜和窦绾的尸骨早已完全朽烂了。

窦绾玉衣所用玉料,经过中国科学院地质研究所前后两次鉴定。第一次鉴定它的矿物成分为蛇纹石类,从而认为它是蛇纹石玉;第二次鉴定结果属于软玉,推测可能为和田玉。看来由于金缕玉衣所用玉料数量太大,因此玉料不统一。

唐代诗人王翰,在他那首极著名的七绝《凉州词》中写道:

> 凉州词
>
> 王翰
>
> 葡萄美酒夜光杯,欲饮琵琶马上催。
> 醉卧沙场君莫笑,古来征战几人回。

此诗中提到的夜光杯,据传为汉代东方朔所撰的《海内十洲记》所载:"周穆王时,西胡献昆吾割玉刀及夜光常满杯,……杯是白玉之精,光明夜照。"根据现代的认识,"白玉之精"即今新疆和田最佳的白玉羊脂玉。用它雕琢成杯壁极薄的酒杯,可以透过月光,斟酒后可见月影而得名。

由上述可知,用不着到汉代张骞通西域时,最晚在商周之际,西域所产的和田玉已向内地运输了。

到了明清时代,琢玉技术已经达到炉火纯青的地步。在明代嘉靖、万历年间,出了一位琢玉的大师陆子冈,是苏州人。据《苏州府志》所载:"陆子冈,碾玉妙手,造水仙簪,玲珑奇巧,花茎细如毫发。"陆子冈创制了一种方形板状的白玉佩,一面浮雕人物图像,另面阳刻诗文,其技艺之高超,使用现代的工具亦难达到。这种玉佩就叫做"子冈牌",从明清流传至今数百年不断有人仿制而不衰,遗憾的是从后人所制的子冈牌成品看，其技艺似乎没有前进反有退步之势。

陆子冈不仅技术绝伦且生性耿直，据说他所雕玉器必在其上落名款。一次万历皇帝命他雕一玉狮（一说玉壶），严令禁止留名款，陆子冈遂将名款刻在狮口（一说壶嘴）之内，可落款不幸被皇帝发现，陆子冈因此被杀。

清代的玉雕，技术更加成熟，在皇家的主持下，雕制了多件巨大的软玉作品。"大禹治水图玉山子"就是其中最著名的一件。它高224厘米，宽96厘米，重5 300多千克，是世界上最大的软玉雕。这个玉雕原料是清乾隆年间从新疆和田的密塔山开采后，用100多匹马和上千人拉了三年多，才运到北京，然后又转运到当时玉雕业最发达的扬州，集中名玉工数百人，雕琢了六年才完成。乾隆五十二年（1787年）玉雕运回北京后，仅刻字钤印，择地安设又花了一年。此玉雕现藏于北京故宫博物院，已公开展览。

和田玉的优点，是有一种使人喜爱的润泽感或油润感。据颜色划分为羊脂玉、白玉、青白玉、青玉、黄玉、糖玉、碧玉和墨玉等，以白色为上品。和田玉有两种极佳品，一是纯白而又显现油脂光泽，外观似冷凝的羊油，而被称作"羊脂玉"的白玉；另一种是色如蒸熟的栗子黄色的黄玉。由于羊脂玉太出名了，因此市场上出售的白色软玉，商家都说是羊脂玉。其实，现在市场上羊脂玉极少见，那是故宫博物院才有的珍宝，在某些玉器收藏家手中可能有，在大型的拍卖会上可能出现，但其价格绝非一般人所能考虑。

和田玉的原料有三类：即仔料、山流水和山料，仔料是河流中的玉石砾石，因为经过自然界长时间的滚磨分选，质地欠佳的部分被磨掉，余下的质量都比较优良；山流水指原生矿崩落到河流上游，棱角削磨圆、表面较光滑的玉块；山料是从高山上直接开采的，质量比仔料差得多。由于和田玉

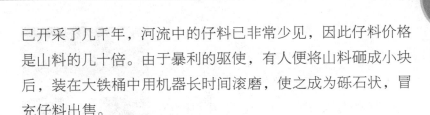

已开采了几千年，河流中的仔料已非常少见，因此仔料价格是山料的几十倍。由于暴利的驱使，有人便将山料砸成小块后，装在大铁桶中用机器长时间滚磨，使之成为砾石状，冒充仔料出售。

中国目前软玉的产地有多处，最著名的是新疆和田地区，所产软玉即著名的和田玉。和田在当地的维吾尔语中，意思为玉石村镇。和田玉仔料主要产在玉龙喀什河和喀拉喀什河中，每年洪水和冰川将大量夹带着软玉块的砾石从昆仑山上冲下来，散布在河床和河滩上，因此，自古以来人们就下到河水中采集软玉的仔料。软玉的另一主要产地是青海格尔木市附近，所产的全为山料，产量比和田玉大得多，而且主要是白玉。因此，目前市场上出售的白玉首饰及原料，主要是青海料制成，其价格远低于新疆和田玉。区分和田白玉和青海白玉是非常困难的，只有玉石专家才有可能办到。

此外，在江苏溧阳市、四川汶川县、辽宁岫岩县以及台湾花莲县都出产软玉，不过其中白色的极少见。国外俄罗斯产白玉、加拿大产碧玉，已有部分进口到我国销售。

玉文化中的和田玉

中国的玉文化可谓无处不在且源远流长。过去，许多家庭都有玉，当贵子降生后常给挂上个玉件；一些家庭的传家宝也往往是玉制品。在描写历史题材的影视剧中，以留有的玉件来寻找和确认遗失子女和以两块玉相对才能打开宝箱的情节比比皆是，这些都是玉文化的反映。

翻开中国历史，历朝历代的帝王将相、皇亲国戚、达官贵人、商贾都爱玉。玉成了历史上区分人与人之间高低贵贱的参照物。"古之君子必佩玉"，死后也用玉器去陪葬。这样一来，就给用考古发现去弥补缺少文字记载的历史研究带来了方便。在我国历史上，不同朝代都有自己玉文化的代表作品。例如：商代用和田玉制作的动物造型突出，如玉龙、怪鸟、玉虎等；汉代的白玉仙人奔马，刘焉墓的青玉枕，河北满城中山靖王刘胜墓的金缕玉衣等，都反映了汉代玉业的兴盛；明万历年间的玉爵杯，清朝的牡丹花薰、莲花四环奁（lián）、大禹治水玉山子等，都反映了当时玉艺术品的精致和玉业的发达，玉器具有纪念、陈设与观赏性。我国的玉文化究竟是从何时开始的呢？从秦始皇？从殷商时期？从夏代？东汉袁康《越绝书·记宝剑》中说，相传黄帝（约前26世纪初）时曾"以玉为兵"砍树、建房和凿地。《山海经·西山经》中记载，黄帝时期就曾开发过新疆昆仑山的玉石（即和田玉）。可以说从有史之初的黄帝时，我国就有了玉业，使用了和田玉。黄帝之前，我国的历史无文字记载。考古所得的实物告诉我们，玉文化的开始时间比我国有文字记载的五千年历史的开头还要早得多。从故宫博物院杨伯达副院长数十年的研究得知，在约前1万年的辽宁海城仙人洞旧石器

和田羊脂白玉

"事事如意"——和田羊脂玉

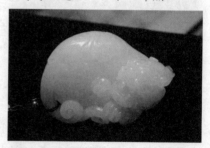

和田玉貔貅　　　　夏瑀　摄

时代的遗址中，出土有三件玉片。目前可以认为，我国的玉文化最早从前1万年的旧石器时代就已经开始了。

最近半个世纪的研究表明，在我国新石器时代，仰韶文化、河姆渡文化、马家浜文化、大汶口文化、原始公社解体时期的齐家文化等许多文化遗址中，都有玉器出土。所用的玉料有绿松石、玛瑙、岫岩玉、南阳玉、和田玉、煤精等数十种之多。辽宁海城出土的玉片和河姆渡文化遗址出土的玉、玉璜等，经过地质专家鉴定为蛇纹石玉（岫岩玉）玉料；而在仰韶文化中后期和齐家文化时期，则出现了和田玉制作的玉斧、玉璧、玉环、玉瑗、玉璜等玉器。可以说，约前4千年左右和田玉就开始使用了，并且向西传至西亚，向东运到黄河中游的仰韶文化地区。后来成为宫廷帝王用玉，一直延续到清朝道光元年（1821年）。此路古称"玉石之路"，又称"昆山玉路"。后来被"丝绸之路"淹没而被人们遗忘了。在历史上的诸多玉料当中，和田玉在各个朝代和每个文化历史阶段都有出现，而且数量可观。《宋史·太祖本纪》曰："乾德三年，于阗国王遣使进玉五百团。"从清朝乾隆二十五年（1760年）～嘉庆十七年（1812年），进贡朝廷的和田玉共10余万千克。

对和田玉的青睐之所以延续这样长久，皆因其美。《隋书》曰："于阗国，……出美玉。"李时珍《本草纲目》称："产玉之处亦多矣，……独以于阗（今和田）玉为贵。"陈性《玉纪》赞："玉多产西方，惟西北陬之和阗、叶尔羌所出为最。其玉体如凝脂，精光内蕴，质厚温润，脉理坚密，声音洪亮。"

今天的玉业，继承并发扬了前人的艺术风格，将人物、动物、植物、器物、历史典故等融会在玉器上，使其栩栩如生、生机盎然，有的给人增加情趣、蕴含诗意、寓意深远。更具历史意义的是2008年北京奥运会的玉玺是用和田玉制作的，和田玉为中国举办的 2008 年奥运会增光添彩。

最古老又最普通的岫岩玉

　　玉器大致分成两大类，一类是供人们佩戴的首饰，器形都较小，如戒指、项链、挂件等，最大也不过是男士们放在衣袋中或挂在衣服上的玉佩。玉器首饰因形体小，通常用较珍贵的玉料如翡翠或软玉制作；另一类玉器是摆在桌上或书架上供欣赏的摆件，如香炉、花薰、工艺瓶罐、大型佛像或吉祥动植物等，由于体积都较大，除少数用翡翠或软玉外，大多用蛇纹石玉或玛瑙雕制。

　　在现代的美术工艺品商店或玉器店中，摆得最多、品种最丰富的摆件，就是用我国蛇纹石质的岫玉雕制而成的。它具有绿色及各种黄绿色，通常颜色均匀杂色少，质地非常细腻不见颗粒，半透明到几乎全透明，有着油脂一样的光泽。

　　岫玉因产于辽宁省岫岩县而得名。它主要由一种极细小的纤维状或胶冻状矿物蛇纹石组成，其硬度变化比较大，硬度低的小刀可以刻画，硬度高的近似玻璃。以透明度高、均匀的深绿色无杂色裂纹，且块度大者为佳。

　　蛇纹石玉同样是我国历史上使用年代最早的玉石之一。距今 5 000 多年，名闻中外的"中华第一龙"，就是用蛇纹石玉雕制而成的。在河北满城出土、距今 2 000 多年前的西汉"金缕玉衣"上，大部分的玉片都是蛇纹石玉。

　　蛇纹石玉在中国的产地很多，除了岫岩产的岫玉外，还有产于甘肃祁连山的酒泉玉（亦称祁连玉）、产于广东信宜县的南方玉、产于新疆昆仑山的昆仑玉、产于台湾的台湾玉等。酒泉玉为暗绿至黑绿色，并有大量黑色斑点团块，常用来琢制杯碗。由于唐诗中有名句"葡萄美酒夜光杯"，故酒泉玉所制的酒杯常用"夜光杯"之名出售。

除中国外，世界上亦有多处出产蛇纹石玉，例如新西兰出产的鲍文玉、美国出产的威廉玉等。

蛇纹石玉由于产地多产量大，原料价格比软玉低得多，因此，蛇纹石玉（或岫玉）玉器的价格主要决定于雕制工艺，工艺精良的价格较高，工艺粗糙的岫玉制品价格相当低廉。

岫玉块度大的常见。1960 年，在辽宁岫岩县发现一块有两间房子那样大的岫玉，重达 260 吨，成为世界玉石王。1993 年，动用各类运输车 150 多辆，将玉石王运到辽宁鞍山市的二一九公园，雕成了世界最大的玉佛像。玉佛正面为佛祖释迦牟尼说法的坐像，背面为渡海观音像。同时在当地建成了玉佛苑，成为旅游胜地。

1997 年，在岫岩县玉石矿发现一块更巨大的岫岩玉，估计重约 6 万吨，简直就是一座小山，至今仍屹立在玉石矿山上。

从翡翠鸟到翡翠玉石

在中国古代，翡翠本是鸟的名字。它的毛色美丽，有蓝、绿、红、棕等色，一般雄鸟红及棕色谓之翡；雌鸟绿色谓之翠。此鸟现代又名翠鸟。因多栖于水边以小鱼为食，亦称鱼虎或鱼狗。在古代，用翡翠鸟的羽毛贴镶拼嵌妇女首饰，制成的首饰名称都带有"翠"字，如钿翠、珠翠等。由于捕捉翡翠鸟不易，鸟的体积比拳头还小，产毛量有限，因此翡翠鸟羽古代价格非常昂贵，常说"其羽值千金"。

唐代著名诗人陈子昂，写了一组 38 首《感遇》诗，其中第 23 首写道：

感遇（其二十三 摘录）

陈子昂

翡翠巢南海，雌雄珠树林。

何知美人意，娇爱比黄金。

杀身炎州里，委羽玉堂阴。

旖旎光首饰，葳蕤烂锦衾。

诗的意思是：翡翠鸟在南海之滨（指汉代时的郁林郡，即今广西东南部）筑巢，雌雄双双，栖息在繁茂的树林中。谁知那些达官贵人之家娇美的妇女们，喜爱翡翠鸟的羽毛胜过了黄金。使得翡翠鸟在南方炎热之地被捕杀，将它那美丽的羽毛送到达官贵人华美的厅堂上。美丽的翠羽制成的首饰光艳夺目，用翠羽装饰的被褥绚丽多彩。

由此可知，在 1 000 多年前的唐代，翡翠鸟羽毛是珍贵的首饰和装饰材料。为了满足达官贵人之家妇女们的需要，人们在翡翠鸟的产地大量地捕杀它们。

到了现代，翡翠成了一种珍贵玉石的名称。这种玉石中国没有，全部产自缅甸，故又称缅玉。用翡翠琢制的玉器首饰，目前已占领了我国大部分市场。

古代时翡翠原系指一种鸟，现在怎么又变成一种玉石呢？

关于翡翠的发现和利用有着这样的传说：大约 500 多年前（明朝晚期）的一天，一队马帮在翡翠产地（今云南之西的缅甸境内）的山路上行进，马背上驮满了运往腾冲的货物。忽然，一个马夫发现有匹马背上的驮架有些歪，于是到路旁的雾露河里随手抱来一块大砾石，压在驮架货物轻的这边。马帮到腾冲后，没用了的大砾石被扔在墙角。

翡翠　　　　　　夏璃　摄

一位老玉雕师傅偶然见到了这块砾石，它那细腻的质料和隐约可见的碧绿颜色吸引了他。老师傅把砾石搬了回来，锯开后雕成了几件精美的工艺品和首饰，看惯了中国和田玉雕的人们，从没有见过这么美丽的翠绿色，它晶莹通透，简直像一汪碧水。这些工艺品和首饰很快被人们买走了。大概人们觉得这种玉石的颜色像翡翠鸟羽毛一样美丽，所以把它叫做翡翠。这就是缅甸翡翠由中国人发现的经过。随即中国人开采的翡翠运到腾冲加工后销往各地。因此，腾冲是当年最大的翡翠加工和集散地。

　　追溯玉石翡翠的历史，的确是很短暂的。1956～1958年，发掘位于北京北郊明朝万历皇帝的陵墓——定陵时，出土了大量的珍宝和精美玉器，可是其中没有"玉石翡翠"的制品。万历皇帝死于1620年，这表明在380多年前，明朝的皇家还没有或不重视翡翠玉器。1995年云南省腾冲在修建道路时，在一座清顺治二年（1645年）的坟墓中，出土了一只翡翠手镯，可知此时翡翠首饰已比较流行，因而用于殡葬。当然，这只是腾冲的情况，中国内地流行翡翠还要晚得多。

　　清代学者纪晓岚著名的《阅微草堂笔记》的卷十五中有这样一段记载："记余幼时，人参、珊瑚、青金石价皆不贵，今则日昂。绿松石、碧鸦犀价皆至贵，今则日减。云南翡翠玉，当时不以玉视之，不过如蓝田乾黄，强名以玉耳，今则以为珍玩，价远出真玉上矣。"纪晓岚出生于 1724 年，1805 年去世。可认为他年幼时是 1736 年，即清代乾隆皇帝登基时。据纪晓岚自序，《阅微草堂笔记》卷十五作于乾隆癸丑年，即乾隆五十八年（1793 年）。

由上述可知，在距今 260 多年前纪晓岚年幼时，人们不认为翡翠是真正的玉，而是如同今陕西蓝田出产的黄绿色蛇纹石大理岩，只能勉强叫做玉，因此一点也不珍贵。可是到 60 年后纪晓岚写《阅微草堂笔记》时，即距今约 200 多年前，翡翠的优点已为人们认识，因而成为价格远比和田玉还要贵得多的珍品了。

由此可知，正好是清代乾隆皇帝统治这 60 年间，玉石翡翠的地位发生了根本的变化。有意思的是，此后再也没有人用翡翠鸟的羽毛做首饰了。

怎样判别翡翠质量的优劣

翡翠和一般的宝石不同，宝石（例如钻石、红宝石、蓝宝石）是单个矿物的晶体，因此经常透明如玻璃，但质地较脆。翡翠则是由无数极细小的以硬玉为主的矿物晶体组成的岩石——硬玉岩，这些晶体为极细的颗粒状和毛发状（纤维状），晶体交织在一起，使得翡翠比较坚韧，受一般撞击不易破裂。可是由于翡翠包含无数细小晶体，因而很难透明如清水，多半是透明如浑水或雾状。

我国是玉石之国。可是到了现在，缅甸产的翡翠早已超过了我国本土产的玉石，成了玉石之王。这是由于翡翠有着更受人们喜爱的特点所致。

翡翠由于质量的不同，使它的价格有着极其巨大的差别。以翡翠手镯为例，劣质的翡翠手镯价格可能每只低到人民币

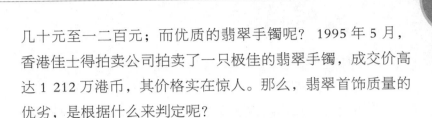

几十元至一二百元；而优质的翡翠手镯呢？1995 年 5 月，香港佳士得拍卖公司拍卖了一只极佳的翡翠手镯，成交价高达 1 212 万港币，其价格实在惊人。那么，翡翠首饰质量的优劣，是根据什么来判定呢？

判别翡翠首饰质量的优劣，可根据四个标准：颜色、透明度、大小和做工（琢磨工艺）。

颜色 翡翠的颜色很多，有白色、灰色、黑色、黄色、棕红、紫色及多种多样的绿色。翡翠以绿色最美，也最珍贵。可是在翡翠原料中，绝大部分都是不受欢迎的白色和灰色，悦目的绿色只占极少一部分。

绿色以美观悦目者最佳，绿色越美，翡翠价格越高。不美观的绿色如似黑绿西瓜皮的瓜皮绿，难看的深灰绿，颜色不正的绿等，都是不珍贵的。

除绿色外，棕红色和紫色的翡翠也比较受欢迎。棕红色者称红翡，与绿翠相对应，紫色的称作紫罗兰，都以颜色深浓为佳。但它们都远不及美艳的翠绿色翡翠珍贵。

透明度 在宝玉石行业中，翡翠的透明度常称为水或水头。透明度好叫做水好或水头好，而"水差、没水即指透明度差。至于干、涩则指透明度极差的翡翠。

为形容翡翠的透明度，用过多种名词。目前形容透明度最佳的翡翠叫玻璃种，意思是透明得接近玻璃；而比玻璃差一点，透明如冰者，叫做冰种，这都是形容最佳透明度的名词。要注意的是，真正玻璃种的翡翠，市场上极少见。只是在大型的拍卖会上偶尔可能见到，当然价格极为可观。可是有的商店为了促销，经常把自己货物说是玻璃种，这不可轻信。实际市场上有冰种的翡翠就不错了。透明度很差的翡翠，用干白来形容。在最差和最佳之间，过去用过很多自创的名词，因为不通用又难于体会，而基本被淘汰。

大小和做工 当翡翠首饰质量相同时，当然是越大越贵，而且大的比小的贵得多。例如一个中档的满绿翡翠戒面价约1 000元，而一只质量相同的满绿翡翠手镯价格可能达到几十万甚至上百万元，因为手镯比戒面大多了，大的原料要达到小的一样质量，当然是非常困难的。

做工主要指翡翠雕件的雕琢工艺，同样质量的原料，工艺好的价格要高得多。尤其是极优质的翡翠原料，雕琢工艺的好坏对价格影响更大。

买翡翠原料赌货，或平地暴富，或倾家荡产

在缅甸北部的翡翠产地以及云南边境靠近缅甸的翡翠集散地，流传着无数人们因经营翡翠原料而平地暴富，或者瞬时间倾家荡产的传奇故事。究其原因，在于翡翠原料的内部质量变化莫测。

翡翠原料，主要指翡翠砾石。这些砾石大小不等，大的可重达数吨，小的可能只有手指头大。在这些翡翠砾石的外面，都包有一层因长期风化形成的"外皮"，皮的颜色和质地与内部新鲜翡翠的颜色和质地是大不相同的。一般说来，皮的色泽灰暗，以各种深浅不同的黄棕色居多，皮的质地多半比内部要疏松粗糙。一块翡翠砾石在外行眼里看来，比老太太用来压酸菜缸的砾石还要难看，扔在大街上也不会有人捡。

翡翠砾石由于有外皮包裹，所以其内部的颜色如何，水头的好坏，都无法直接看到。因此，根据砾石外皮的颜色、粗细、厚薄和花纹等，推测砾石内部翡翠的质量，就成了一门特殊的学问，可这门学问用语言文字又难以说清，它主要

是一种凭多看多实践才能获得的经验和体会。即使是从事了一辈子翡翠交易的人，被认为是最有经验的玉石专家，也无法肯定一块没有切开的翡翠砾石中有多少绿？水头又如何？因此，在玉石行业内部流传着这样一句话："神仙难断寸玉。"

在市场上出售的翡翠砾石原料有两种：一种是砾石上没有任何切口，行内术语叫没有"开窗"或"开门子"，即只见外皮见不到丝毫内部，这种翡翠原料砾石叫做"赌货"、"全赌货"或"蒙头货"，意思是买它就像赌博一样，一旦石头切开，如果内部有大片的高级绿色，立即发了大财；可如果全是白的或灰的，那就会输个精光。另一种是在翡翠砾石上切开了一个或两三个窗口，让顾客通过窗口观察，推测内部质量。窗口有大有小，小的仅 1 厘米见方，大的可以是将砾石从中一切两半。由于窗口大小不同，整个翡翠砾石内部的质量可能与窗口处有很大的差别，因此，观察窗口推测内部质量也是一门经验性的学问。买这种货，也或多或少有赌博的成分。那种一切两半的翡翠砾石，叫做"明货"，其价格就按质而论，没有太大的赚头了。

作为原料的翡翠砾石虽然其貌不扬，但价格却是很贵的，一块砾石价值几万、几十万元的常见，上百万元一块的也并不稀奇。这样贵的东西，如果买的是赌货，其风险之大是可以想象的。

一般说来，买卖赌货应该在缅甸的翡翠产区，尤其是在挖翡翠的现场进行。因为这里翡翠砾石刚刚挖出来，没有经很多行家研究过，买它有可能遇上发大财的好货。如果经长途运输到云南境内的翡翠砾石是未开窗的赌货，那是不能买的。因为它从产地辗转运来，经过许多富有经验的人研究，都认为内部不佳，所以才不开窗卖赌货。外来的客商买这种赌货，几乎百分之百地会输个精光。不过话又说回来，即使是极富经验的行家，也没有特异功能可以看见翡翠砾石的内部，都只能推测。据统计，推测的准确程度约为七成。因此，在大量的经长途运输，多人筛选过的赌货中，仍可能有漏网之鱼的好货。

在缅甸，曾发生过这样一件事：一位干了十几年翡翠砾石贸易的商人，花 6 万元买了一块重约 10 公斤的翡翠砾石赌货。以往他买赌货回来后都是在上面开窗，如果窗口上呈现高级绿，这块石头价格立即就涨了，卖出去可以赚一笔。这次他运气不好，用金刚砂条擦了几处小窗口，都不见绿，看来要赔了。于是，他又找来当地两位比他更富于经验的老行家来研究，两位行家一看，异口同声地说："你这块石头买砸了，连 1 万元也不值，赶快设法把它卖出去吧！"于是三个人在砾石被擦破的地方做上假皮，缅商在这方面是专家，假皮做得很难辨认，石头看来像从未开过窗的赌货了。不久，从泰国来了一位商人找他买翡翠料，一眼就看上了这块做了假皮的赌货。虽然这位泰国商人是他的朋友，但从做翡翠生意的惯例来说，买翡翠原料都是顾客自己看，看中付款之后不能退换，哪怕是假货，货主也不负任何责任。于是，这位货主以 5 万元的价格将做了假皮的赌货卖给了泰商，算是便宜了一点。

谁知这位泰商非要在原货主家切开这块赌货看看，并且说得很清楚："货是我的了，款也付了，是好是坏当然和你无关，好的话我带回去，坏的话扔在这里，免得带着累赘。"原货主一想坏了，这不是当面出我的丑吗，多年的朋友了，开出来石头做过假皮，我怎么再和他见面。可朋友说的又有道理，不切也不行，于是推托说家中的切石机坏了，谁知这位泰商非切不可，让他去邻居借一台，这一下推托不成了。

切石机借来了，石头上了机器，原货主不愿看，一个人

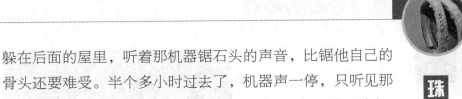

躲在后面的屋里，听着那机器锯石头的声音，比锯他自己的骨头还要难受。半个多小时过去了，机器声一停，只听见那位泰商大叫一声"哎呀！"，原货主一听，差点没晕了过去。突然，泰商冲进屋内，把原货主拉了出去一看，切成两半的石头躺在地上，石头中心一大块高级绿像一汪碧水，显得那么诱人。原货主不禁喊道："老兄，你运气真好！发了！发了！"泰商拉着原货主的手说："真谢谢你，没想到大哥把这么好的货让给我！我请客！我请客！"据估计，这块切开的翡翠原料现在价值在 50 万元以上。

原货主事后心里是什么滋味，实在难以想象。记得前些年，有一些人吹嘘自己有"特异功能"，其中著名的一招，就是说自己有"透视眼"，即双眼能透过墙壁看见东西，也能够穿过地面，看见地底下的东西。如果真有这种本领可太好了，可以请他帮忙到缅甸去买翡翠砾石的赌货，付多高的工资都可以。因为买一块赢一块，不用多久必发大财。可是，在缅甸和中国，翡翠原料的赌货买卖已做了好几百年，在这几百年中，从没听说出现过一位每买必赢、每看必准的透视眼。为什么几百年都没有这种奇才，现在怎么又大批涌现呢？结论只能是：他们是一伙骗子，借此谎言来骗取钱财或达到某种不可告人的目的罢了。

翡翠首饰的 A 货、B 货和 C 货

由于高质量的翡翠极其稀少，价格非常昂贵，而颜色欠佳或透明度不好的翡翠却又多又便宜，这样，就有不少人想尽办法，在劣质的或有缺陷的翡翠上进行人为的加工，使其外观看来像高级翡翠，以便能卖高价，这种加工叫做翡翠的"优化处理"。

作为翡翠首饰，一是要求色美，即有美艳的绿色；二是要求水好，即透明度要高。因此，优化处理就从这两方面入手，现在，在市场上销售的翡翠首饰，可分成A货、B货和C货三类。

A货是地道的真货。将翡翠原料经过切割，琢磨成首饰，它的颜色和透明度都是天然的，没有经过优化处理。A货无论

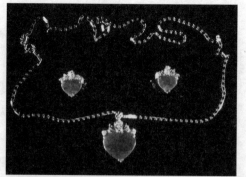

翡翠项链、耳钉

翡翠红宝石胸针　　　　　郭克毅 摄

是手镯、挂件、戒指，经人们佩戴后，越戴越美。这是由于佩戴时人体的油脂缓慢地渗入翡翠首饰中，使翡翠首饰变得更透明，看来水更好，原有绿色映的范围更大，看来好像绿色增长了，于是，人们觉得翡翠首饰更美了。

B货是将翡翠原料切成片，感到它的透明度不佳，或者翡翠上有褐黄、灰黑等色的杂质，于是将它泡入酸液中，使翡翠内的各种杂质溶解，使它的透明度变好；有时灰黑褐等杂质溶解后，还能显出原来被遮蔽看不出的绿色。由于酸液的溶解，在翡翠的表面和内部，会出现大大小小的孔洞、裂隙和沟槽，翡翠也变得疏松易碎。于是在真空中对此翡翠灌入无色的透明树脂（特制胶），这叫"入胶"。入胶后翡翠变结实，雕制成首饰打磨光洁后，翡翠的外观质量比原来大

有提高，出售时价格也可以大大增加了。

B货因为经过酸泡和入胶，因此是不耐久的。严重的几个月后就会变色，或入的胶变质脱落，使原看来美观的翡翠首饰变得粗糙难看。有些B货因制作技术较佳，能维持较长时间没有明显变化。但是，B货绝不可能像A货那样越戴变得越美，只可能越戴越不好看。B货由于翡翠内部被酸浸泡过受了损伤而不耐久，是不能作为长期保存的贵重物品的，换句话说，它没有保值价值。

关键问题是B货翡翠的出售价格是否合理。两件外观质量相同的翡翠首饰，一件A货一件B货，那A货的价格一般是B货的十倍以上。在选购翡翠首饰时，只要出售的商店老实告诉你这是B货，它的价格便宜，B货也是可以买来佩戴的，因为它价廉、外观美。要注意的是商家用B货冒充A货卖高价，这就是不能容许的欺骗行为了。

C货翡翠是经过染色（也叫焓色）的翡翠，即将白色或浅色的翡翠首饰用染料染成美观的绿色，也有染紫色的。染色的技术现在已经相当高明，既可以将首饰整体染成绿色（这叫满绿），也可以局部染色。由于所用的染料不同及技术有优劣，所染的颜色是否耐久，能耐多久，都是个未知数，不过时间长了总是可能变色的。C货翡翠首饰和B货一样，只可能越戴越难看，绝不可能像A货那样越戴越美。C货翡翠首饰的价格非常低廉，比同等外观的B货还要低得多，和A货是根本没法比的。

此外，还有一种B＋C货翡翠，顾名思义可知，这是既用酸泡过，又经过染色的翡翠首饰。

根据国家规定：B货和C货翡翠都叫做"优化处理翡翠"，因此商店在出售这类翡翠首饰时，必须注明"优化处理"

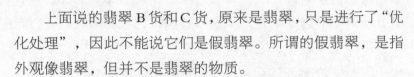

字样。

　　读者现在一定会提出一个问题，A货、B货和C货翡翠首饰怎样鉴别。遗憾得很，这是一件相当困难的工作，只有宝玉石专家或宝玉石鉴定机构才能进行这类工作，一般消费者自己是不可能鉴别的。因此，作为一般消费者，应该到信誉可靠的商家或珠宝市场购买翡翠首饰，这样才不会上当受骗。

假翡翠有哪些

　　上面说的翡翠B货和C货，原来是翡翠，只是进行了"优化处理"，因此不能说它们是假翡翠。所谓的假翡翠，是指外观像翡翠，但并不是翡翠的物质。

　　在市场上出现过的假翡翠首饰其原料有：绿玻璃、白夹绿塑料、绿瓷料和马来翠。其中绿玻璃因为完全透明内部无结构，绿塑料一掂太轻又太软易划伤，绿瓷料的颜色和光泽都不自然，因此这三种都容易被一般消费者看出而已趋于淘汰。

　　目前市场上还在大量出售的只有马来翠（玉），这是一种内部有微细结构的绿色玻璃，它的外观很像透明度极好、绿色又美艳的高档翡翠。马来翠价格非常

低廉，通常它只在出售工艺品的地方才能见到，镶嵌成各种镀金首饰廉价出售，出售时含混地说它是马来翠或马来玉，并不说明它不是翡翠，因此须注意。

马来翠不难识别，可将它对着强光用放大镜观察，它内部有蜂窝状或渔网状图案，渔网的网线都是绿的，网眼是白的，不像翡翠内部的绿色是大小形状不均匀不规则的。

翡翠玉雕"含香聚瑞薰"
高71厘米，宽65厘米，厚39.5厘米。现收藏于北京中国工艺美术馆

玉石产地——昆仑山

第四章

沧海月明珠有泪——珍珠

中国古代传说，在南海外有一种鲛人，他们像鱼一样在大海中生活。奇特的是，鲛人在悲伤哭泣时，滚落的眼泪是美丽的珍珠，而且珍珠圆润与否与月亮的盈亏有关，月圆之夜珠亦圆，月缺之夜珠亦缺。唐代著名诗人李商隐，在他写的七律《锦瑟》中，第五句就写了这个传说，即："沧海月明珠有泪"。

国外的古老传说则是：海底的贝类浮到海面上，当它张开贝壳时，正好有露珠或雨珠落入，不久就变成了珍珠。

传说是非常美丽的，可是，珍珠真是这样产生的吗？

天然珍珠，已快绝种

大约在几万年前，我们的祖先还处于渔猎时代，他们既不会饲养牲畜，更不会种庄稼。为了生活，他们猎取鸟兽，捕捞鱼蚌，采集野生植物的果实种子。一次，一位幸运的祖先在敲开一个从河底捞上来的大蚌壳时，出现了一粒他从未见过的滚圆小球，洗净小球之后，那上面显示的彩色晕光吸引了他，这粒小球成了他的心爱之物。就这样，人类第一次发现了珍珠，

天然珍珠

而且爱上了珍珠。可以说，人们认为珍珠产自贝壳中，这自远古以来就没有什么争论。

当然，珍珠不可能是落入贝壳内的露珠或水珠变的，真实的情况是这样的：某些具有坚硬贝壳的动物，如海洋中的贝类（两瓣壳一大一小）、淡水河湖中的蚌类（两瓣壳左右对称一样大），当它们张开贝壳时，一粒小砂，一只小虫，甚至一个细菌进入壳内，使动物肉体感到很不舒服，于是它就把用来建造贝壳的物质——碳酸钙和少量角蛋白质，一层又一层地分泌涂抹到这粒异物上，将它包裹起来。时间长了越涂越厚，逐渐形成一粒小圆球，这就是珍珠。这样产生的珍珠，叫做天然珍珠。

由上述可知，生成天然珍珠的机会是很小的，因此天然珍珠产量很小，同时珍珠质量欠佳，珍珠小而且形状不好，只有很少一部分能够做首饰，大部分只能作药用。从远古时代起，一直到 19 世纪末，人们都是采集使用天然珍珠，因此当时的珍珠首饰非常贵重，由"珠宝"一词可知，仅珍珠一项，就与多种宝石相提并论，可见珍珠之稀罕与受人重视。

天然珍珠可分成两大类：一类产自海洋咸水的贝类中，叫做海水珍珠；另一类产自河湖淡水的蚌类中，叫做淡水珍珠。中国有一处世界闻名的天然海水珍珠产地——合浦。合浦古代属廉州，位于今广西南端的海滨。据历史记载合浦最晚在汉代即已开始采珠，至今已有 2 000 年历史，因合浦位于南海之滨，故所产珍珠世称"南珠"。

古代采珠是一件异常艰险的工作，据记载："廉州府城东南有珠母海，海中有平仁，悬海、青婴三池，池中出大蚌，蚌中有珠，即合浦古珠也。采珠者乘舟入池，以长绳系腰，携竹篮入水，拾蚌至篮内，则振绳令舟人汲取之。不幸遇恶鱼，有一线之血浮水面，则知人已葬身鱼腹矣"。

因为采珠有巨大利益，因此历史上经常有官府发布命令，只准官采，不准民采。同时经常出现采珠过度，产珍珠的贝被捕捞干净，因而出现合浦多年不产珍珠的现象。民间传说是因为合浦有贪官，珍珠贝都跑到深海去了，只有等若干年后贪官滚蛋了，珍珠贝才会迁回来，这在中国形成了一个成语，叫做"合浦还珠"。

郭克毅 摄

合浦珍珠实际产于白龙城，当地采珠后弃置的贝壳堆积如山。明朝洪武年间，建白龙城，位于今广西合浦县城东南38千米处，城周1 106米，城墙高6米，厚6米，两面砌以青砖，中间填充是一层黄泥，一层珍珠贝壳，层层夯实。城外还有采珠公馆，珠场司，盐场使衙等官府建筑。城周几百米内采珠后弃置的贝壳堆数不胜数，可见当时捕捞贝类之多。

在世界上，天然海水珠的主要产地是波斯湾海域，产量占世界90%，称为"东珠"。

自然界有贝壳的动物有10万种以上，可是能生长珍珠的只有三四十种。由于珍珠贵重，历史上人们无限制地大量捕

古代采珠图
潜水者头戴面具，上有气管。船上备有席子，在遇到漩涡时将席子掷
入水中，以免潜水者发生危险

捞珍珠贝，造成珍珠贝数量锐减甚至灭绝。加上主要产天然
珠的波斯湾海域又盛产石油，开采石油污染海水更加速了珍珠
贝的减少以至灭绝。由于这种种原因，天然珍珠目前已濒临
绝种。

养殖珍珠，兴旺发达

　　当你在首饰商店见到出售珍珠首饰时，不用问就可以肯
定，出售的是养殖珍珠。现代所有妇女佩戴的珍珠首饰，可
以说都是用养殖珍珠制成的。

　　养殖珍珠是什么？它算是真的珍珠吗？

　　养殖珍珠当然是真的珍珠，它一点也不假，不过它不是
天然生成的，而是通过人工养殖而成。这就好像河湖里天然

生长的野生鱼和鱼塘里人工喂养的鱼一样，你能说人工喂养的鱼不是真鱼吗？这两种鱼只是生长环境有些不同罢了。

养殖珍珠也分成两大类，即海水养殖珍珠和淡水养殖珍珠。

在养殖海水珍珠时，须先准备两种东西，一是养殖珍珠的贝类，通常用白蝶贝和马氏贝，这类贝野生的太少已快灭绝，只能自己喂养，当贝长大后，就可以插珍珠核了；二是准备珍珠核，核是用很厚的贝壳磨制成的小圆球，直径 3 ～ 8 毫米，将已养成的马氏贝或白蝶贝的壳撬开，将珍珠核插入。一个贝一般只能插入一粒核，即只能生长一粒珍珠。珠核插入后，将贝再放入海水中养育，须要经常照看水温，水质并喂食。核插入贝的肉体内，贝感到很难受，于是就不断地分泌出珍珠液，即涂敷在贝壳内侧的物质，涂在珍珠核上，将核一层又一层的包起来，逐渐形成了一粒球形的珍珠。

海水养殖珍珠内部有一个很大的核，只是外部包有薄薄的珍珠层。通常海水养殖珠的养殖时间是 1 ～ 3 年，年头越长珍珠层越厚，珍珠质量也越好，但成本会大大地增高。

海水养殖珍珠因为有球形核，因此基本都是圆球形，其颜色不仅有白色，并且还有黑色、灰色及各种浅淡的彩色。

海水养殖珍珠养于近海中，而淡水养殖珍珠则在河流湖泊甚至池塘中都可以培育。淡水养殖珍珠不用圆球形的珍珠核，而是先喂养三角帆蚌，然后在某些蚌中割取一部分肉体——外套膜，将它切成小片，植入长成的三角帆蚌中，一个蚌可插 10 ～ 20 个小片，一个小片长成一粒珍珠，不像海水养殖珍珠一个贝只产一粒至多两粒珍珠，所以淡水养殖珍珠的产量比海水养殖珠大得多。可是，淡水养殖珍珠有一个很大缺点，就是珍珠多数奇形怪状，球形的极少，扁圆的或长圆的就算不错了，而且珍珠的光泽和颜色也比海水养殖珍珠差得多。

现在全世界海水养殖珍珠年产量不过几十吨，可淡水养殖珍珠年产量高达 2 000 吨，其中我国的淡水养殖珍珠年产量占世界 99%。产量虽大，可惜质量欠佳，因此价格非常低廉。在我国的珍珠市场上，出售的大部分都是淡水养殖珍珠。

记住一句话，就能识别真假珍珠

评价珍珠质量的好坏，有四个标准：即形状、大小、光泽和颜色。珍珠的形状当然是越圆越好；大小是越大越佳，当珍珠的重量超过十几克拉（2 克以上）并且很圆时，就是罕见的珍品了；珍珠表面有着彩虹一样的光泽，光泽越明亮，彩色越显著越好；珍珠的颜色以白为主，有时带有浅淡的粉红、黄、蓝紫、橙、棕等彩色，还有一种特殊带蓝的黑色，从价格上看，黑色带蓝具有金属光泽的黑珍珠最贵，其次是悦目的银白色及各种彩色鲜明者。

现在养殖珍珠的产量很大，尤其淡水养殖珍珠首饰价格可以说是非常低廉。可是，特别圆的，颗粒大、光泽又好的珍珠，仍极稀少，价格也非常昂贵。因此，外观美观的仿制珍珠仍有市场。

所谓仿制珍珠，就是俗称的"假珍珠"。仿制珍珠以塑料，玻璃、陶瓷、厚贝壳等制成小圆球，或用贝壳粉黏结压制成小圆球。然后配制出特殊的"珍珠精液"，将上述小球泡于液中，浸泡可能反复多次，干燥后小球表面产生珍珠一样的光泽，就成了仿制珍珠。仿制珍珠的工艺差别很大，水平低劣的假象毕露，可工艺水平高的其外观极像高质量的海水珍珠，令人难辨真伪。由于市场上仍有仿制珍珠存在，因此人们在购买珍珠首饰时，总有些担心所购的首饰是否是真珍珠。

其实，要想鉴别真珍珠和假珍珠极其容易，只要记住一句话就可以了，这句话就是："凡是有毛病的珍珠都是真的"。珍珠的毛病包括：珍珠形状不圆，长形或扁如南瓜，或不规则状，而且每一粒的形状都不完全一样；珍珠的表面有小凹坑、小突起，大大小小的线纹等。一串普通的珍珠项链，细看每粒珍珠都一定有毛病，而且没有两粒珍珠的毛病相同。即使是一串价值几万元甚至十几万元的高档珍珠项链，仔细看，几乎每粒珍珠上都有小毛病，不过不显著而已。

只有机器生产的假珍珠，才粒粒精圆，个个表面光滑又明亮，而且毫无毛病。说句笑话，机器生产的假珍珠要想在每一粒上造出不同的小毛病，那成本可太高了，会比真珍珠贵得多，这就更没人买了。

如果是珍珠戒指，上面就一粒珍珠，这粒珍珠又圆又光滑毫无毛病，这怎样鉴定它的真假呢？可将它用牙齿上轻刮，真珍珠有砂感，而假珍珠像接触玻璃球一样有滑感。如果有两粒珍珠，可将它们轻轻互磨，真珍珠有砂感，假珍珠为滑感。

珍珠娇气，注意维护

珍珠的硬度低于铁器和玻璃，容易被它们划伤。珍珠的化学成分主要是碳酸钙，与建筑材料大理石相同，极易溶于酸，连醋也能腐蚀它。珍珠不宜接触油脂、化妆品、盐酱、有色颜料及人体汗液，因为这些东西都会使珍珠的光泽变劣或沾上污渍。因此，珍珠在贴身佩戴后，尤其在夏天，应每天用清水冲洗后晾干。

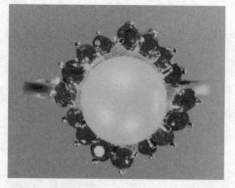

珍珠红宝石戒指

郭克毅 摄

　　组成珍珠的矿物叫做"文石"。文石有自动变成另一种矿物方解石的趋向，当发生这种转变时，珍珠便会发黄，同时失去光泽，而这种过程又是无法防止的，正因为如此，而产生了中国的俗语：人老珠黄，表示这是没有办法的事。宝石玉器可以完好无损地保存几千年，可珍珠却极少见到千年的古董，原因就在于此。当然，这种自然转变也很缓慢，绝不是几年、几十年就会完成的。

第五章

现代科技之花——人造宝石

在自然界中，能作为宝石用的矿物晶体非常稀少。因此它们的价格昂贵，使许多人无力问津，同时产量太少难以满足日益增长的需求。

于是，人们就采用人工的方法来制造宝石。最早的人造宝石就是玻璃，这在几千年前就已有了。到了 20 世纪，制造出了多种性质与天然产品完全相同的宝石，如红宝石、蓝宝石、祖母绿等。

人造宝石的质量可以控制，它们的颜色、透明度等都非常好，同时人造品可以大量生产，价格低廉，容易为广大顾客接受。因此，人造宝石在珠宝市场上占有相当重要的地位。

时至今日，几乎任何一种天然宝石都可以人工制造，至于是否会拿到市场来出售，那则不一定，因为只有价格比同样外观的天然宝石低得多才会有人买。现在有些人造宝石生产成本高于天然宝石，因此它就不可能拿到市场上出售。

玻璃诞生的传说

　　人类用玻璃制作装饰品，至少已有几千年的历史，那么，人类是怎样学会制造玻璃的呢？

　　在距今约 2 000 年以前，相当于我国西汉末年的时候，罗马有一位大学者，名叫普里尼，他非常勤奋好学，连洗澡后仆人替他擦干身上的水时，他还在出神地读书。

　　普里尼用了多年的时间，写成了一本巨著《自然史》。这本大书几乎记录了他头脑中所有的学问，也集中了当时世界上人类的全部知识。书的内容无所不包，从天体运行到人类和民族，从动植物到艺术绘画和职业选择。就在这样一本包罗万象的巨著中，普里尼记载了人类是怎样发现玻璃的。

　　在当时，有一个和罗马对立的强大国家腓尼基（故址在今叙利亚），航海和经商是腓尼基人的专长。一次，一艘装运了大量块状苏打（含水碳酸钠）的腓尼基商船在海上遇到了暴风，被迫驶进一个陌生的小海湾中停泊。筋疲力尽、饥肠辘辘的船员们纷纷走上岸去，想支起炉灶生上火，烤干衣服同时做点吃的。可是，这个海岸是一望无际的沙滩，除了细沙外，连一块小石头也没有，没有石头，怎样搭炉灶呢，想挖灶也不行，因为沙子会流动，挖不成灶坑，这可真急坏了这帮水手。

　　忽然一位水手想到，船上的货物——大的苏打块不是可以当做石头支锅吗！在当时，苏打的用途是拿来洗衣服，因为那时还没有发明肥皂，而埃及的僧侣们则用苏打来调制木乃伊用的防腐剂。

　　于是，水手们从船上搬来苏打块架起炉灶，支锅做饭。火烧得很旺，一切都很成功，水手们在饱餐一顿之后，就都睡觉去了。第二天早晨，海上风平浪静，水手们将架炉灶的

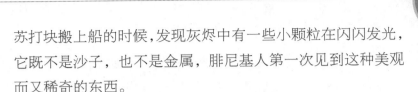

苏打块搬上船的时候，发现灰烬中有一些小颗粒在闪闪发光，它既不是沙子，也不是金属，腓尼基人第一次见到这种美观而又稀奇的东西。

普里尼在他的书中认为，这些闪闪发光的可爱小颗粒就是玻璃，它们是海滩上的沙子（化学成分是二氧化硅）和苏打（化学成分是碳酸钠）在受到高温时化合而成的物质。就这样，人类在无意之中第一次制造出了玻璃。

上面这个人类制造出玻璃的故事，后来被许多书籍转载，读者们见的次数多了，自然而然也就相信玻璃就是这样发明的。实际上，这个故事可信吗？

一直到20世纪的时候，才有一些玻璃制造专家对用这种方法能制造出玻璃表示怀疑，最简单的办法是将当年腓尼基水手们所做的事重复一次。专家们找到一片有纯净沙子的沙滩，用几大块苏打架成灶，支上装满清水的铁锅，下面用干木柴猛烧。专家们长时间守候在边上，不停地向火中添加干木柴，心中则打着一串问号。

火灭了之后，在灰烬中仔细搜寻，可是毫无所获，根本不见玻璃的踪影。实际上，专家们从理论上早已知道，用木柴在这种敞开的炉灶中燃烧，得不到太高的温度，不足以使沙子和苏打化合成玻璃。这表明，普里尼的记载只是古代的一个传说，它是不真实的。

那么，玻璃究竟是怎样发明的呢？其实，它与陶器和瓷器的制作有关。

我们都知道，陶器和瓷器是用特殊的泥土——陶土和瓷土制成器物的土坯后，在高温中烧制而成的。在远古时代，无论工匠们的技术怎么高明，也无论他们怎样细心地选用泥土原料，烧成的陶器和瓷器表面总是非常粗糙，不仅用起来不舒服，而且清洗也很困难，有什么办法把陶器和瓷器的表面弄光滑呢？

在一个极偶然的情况下，陶器土坯的表面粘上了一层混有苏打的细沙，在高温烧制时，这层细沙和苏打熔化成液体，并且流动覆盖了陶器表面，冷却后，成了一层光滑而且闪亮的薄层，这种陶器用起来就方便多了。人们把陶器和瓷器表面这一坚硬而又光滑闪亮的薄层叫做"釉"。从本质上说，釉就是一种玻璃，只不过它还没有单独存在，而是附在器皿上。

大概又是一个偶然的机会，一位粗心的制陶工匠在器皿土坯上涂釉时涂得太多太厚，烧制时釉流到炉子底上，形成了一小团纯釉。这本是一个事故，可这一小团纯釉光滑闪亮，非常可爱，工匠将它磨成一个小圆珠，这样，第一件人造宝石装饰品诞生了，这位无名的工匠，就是玻璃的第一位发明人。

据现代研究，玻璃的发明大约是公元前 7000 年的事，至于第一位发明家是谁，那早已不可考了。

埃及女王的项链

在距今约 3 500 年前的古埃及，统治者是一位名叫哈舍苏的女王，她在 32 岁那年驾崩了。按照古埃及的风俗习惯，人们把她制成一具木乃伊，埋在一个山谷的秘密岩洞中。这个山谷就是今天考古学上极其著名的国王谷，谷中秘密埋葬着很多古埃及的国王。

和每个国王的陵墓一样，哈舍苏的陵墓中也塞满了宝物，为了避免盗墓贼的光临，哈舍苏的葬地不仅在地表上毫无标志，就是发现陵墓后，里面迷宫一样的隧道也会使盗墓贼再也出不来。

　　3 000多年过去了，没有人打搅女王的长眠。直到19世纪，法国地质学家罗列发现了女王哈舍苏的陵墓，并且找到了正确的通道进入了墓室，他和发掘工人看见了什么呢？

　　两座石雕的神像护卫着女王的石棺，神像脸上镶着白色的石英眼眶，里面安装着琥珀眼球，眼眶上侧是红铜制的睫毛。当灯光射到神像上时，它的两眼闪烁出凶恶的光辉，吓得发掘工人们以为是凶神显灵而要把这无价之宝打碎。

　　女王木乃伊的脸上盖着纯金面罩，上面镶着一对闪闪发光的眼睛，头上戴着精美的王冠；额上饰有埃及皇族的徽记——一只金鹰和一条金蛇。可是，从学术观点看，这些东西都不是最珍贵的。最有价值的东西是女王那干枯脖子上戴的一串项链。

　　用现代的眼光看，这串项链难看极了，每粒珠子比手指头还大，七歪八扭的一点也不圆，颜色是深暗的黑绿色，珠子上还刻了些没人认识的奇怪符号，后来才知道这是古埃及

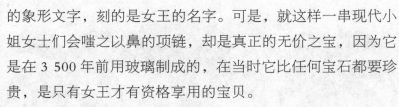

的象形文字，刻的是女王的名字。可是，就这样一串现代小姐女士们会嗤之以鼻的项链，却是真正的无价之宝，因为它是在 3 500 年前用玻璃制成的，在当时它比任何宝石都要珍贵，是只有女王才有资格享用的宝贝。

由于当时不具备使熔炼炉温度烧到 1 500℃以上的技术，不能使玻璃熔化成像水一样的液体，埃及的工匠们只能将玻璃烧得像柔软的面团，可这种面团烫极了，而且在几分钟之内就会变得坚硬如石，想把它们制成小圆珠困难重重，所以冷凝后的玻璃珠七歪八扭就很自然了。同时，当时的工匠们还不懂得选用杂质特别少、尤其是含铁少的沙子作为玻璃原料，所以熔炼出的玻璃总是深暗的黑绿色。

鉴别玻璃不困难

到了现代，玻璃只是作为低档的装饰品。它的颜色极多，有无色、红、绿、蓝、蓝绿、黄、紫、黑等色，而且只镶嵌在镀金或仿金（假金）材料制成的首饰上，以低廉的价格，在卖工艺品的地方、甚至在地摊上出售。

由于玻璃外观有时又很像高价的贵重宝石，因此能迅速而又毫无损伤地鉴别它们就很重要了。这种鉴别实际上并不太困难，可采用下述方法。

触摸法　任何玻璃都是不结晶的非晶质体，它们对热的传导比较慢，而宝石都是结晶体，对热的传导则比较快。因此，用手触摸样品时，玻璃因为传热慢而有"温感"，而结晶体的宝石因传热快而使人感到是冰凉的。对于小粒的样品，手摸不太方便，可用舌尖舔试样品测定凉或温。

在检测之前，为了正确无误须先取得经验，可准备一小块晶体（如水晶）和一块玻璃，先用手摸或舌舔它们，待熟悉二者的温凉差别后，再测试未知样品，这样会更有把握。

在实际测定时，未知样品须在桌上放置一段时间，以免从身体上取下时带有体温而出现误差。

琢磨质量 玻璃质的宝石因为价格很低，有时价钱还抵不上研磨的工钱，故不值得精工细磨，磨制质量都很粗糙。平面之间的交棱经常不是平直尖锐，而是圆滑的。大部分玻璃质宝石是将熔化的玻璃液倒入模子中浇铸而成，浇铸产品质量更劣，平面不平，上面常有因冷凝收缩而产生的凹坑。

放大镜观察 玻璃制品的表面和内部，常有弯曲的或漩涡状的细线纹，看上去很像将蜂蜜或浓胶水倒入清水中搅拌时，因混合不匀而产生的现象。玻璃内部还经常有或多或少的圆球状、椭球状、拉长状的小气泡。上述线纹及气泡大小不等，大的肉眼对着光观察可见，小的则须加上灯光照明后，用一个 10 倍的放大镜观察才能看出。

假钻石越造越像真的

由于自然界钻石稀少，价格非常昂贵，难以满足大量消费者的需求。于是人们一直在努力寻找一些看来很像钻石的廉价宝石，用来代替钻石，以满足更多人的需求，这样，形形色色的钻石代用品或假钻石就出现了。

因为钻石是无色透明的，并且闪光发亮，所以凡是无色透明的坚硬物质，将它磨成钻石形状后，都可以用作钻石的代用品或冒充品。早在 19 世纪，人们就开始用高折光率的玻璃琢磨成假钻石了。

由于用玻璃作为钻石代用品太不相像了，后来又用一些廉价无色透明天然宝石作为钻石代用品，例如：无色的水晶、无色透明的托帕石、无色透明的蓝宝石等。这类代用品的共同缺点是折光率太低，磨成钻石形状后没有钻石那种明亮的彩色闪光，同时，可以用简便的方法加以识别：将有疑问的钻石平放在报纸上，如果透过宝石能清楚地读出报纸上的字，那一定是假货。不过，如果读不出字，也不一定是真钻石。

为了使钻石代用品看起来极像真钻石，利用现代的科学技术生产了多种自然界不存在的"人造物质"，把它们磨成钻石的形状来冒充。经过多年的实践，其中很多种因为还不够逼真而被淘汰，并完全从市场上消失了。只有两种物质，因为与钻石的外观和性质最相像，目前被广泛地用作钻石的代用品（及冒充品），这就是1976年产出的"立方氧化锆（俗称人造锆石）"和1998年才上市出售的"人工合成碳硅石"。

立方氧化锆作为钻石代用品最为相像，它比水晶还要硬得多，这可以保证琢磨出的闪闪发光的平滑表面，不会被划伤磨毛，能长久光亮如新。它的折光率和色散与钻石近似，因而磨成钻石形状后有着同样的彩色光芒。当切磨质量优良时，即使是相当内行的宝石专家，仅凭肉眼不用仪器也很难将它与真钻石区别开。

目前在我国市场上，立方氧化锆正在大量地出售，而且价格非常低廉。例如：一粒重1克拉的真钻石，价格要好几万元人民币，而一粒同样大小的立方氧化锆，只要一二十元，现在市场上镶宝石首饰上，所配的小粒钻石有一部分就是用立方氧化锆代替的，其装饰效果相同，但整个首饰的价格自然会低一些。

在发达国家常有这种情况，在大珠宝店中，顾客花几万甚至十几万美元买了一条漂亮的钻石项链后，商店老板会主动送给顾客一条外观相同的漂亮项链，当然，这是用立方氧化锆镶嵌而成的。因为老板懂得，真钻石项链太贵重，只有在极其隆重盛大的场合才会佩戴，平时则可以戴这串立方氧化锆项链，具有同样的效果，却又可以放心，万一丢了损失也不大。珠宝商能如此为顾客着想，回头客自然就多了。

读者一定会想到，立方氧化锆这样像真钻石，那么怎样区别呢？要想迅速而又无损伤地区别，最好的办法是使用一种仪器——热导仪。当然，要学会正确使用，得请行家教一下。

另一种钻石的代用品"人工合成碳硅石"，又名碳化硅或莫桑石。它的硬度更大，可以划伤蓝宝石。折光率和色散都比钻石高，琢磨成钻石形状后，闪光比钻石还要明亮，而且彩色光芒更显著。它还有一个更迷惑人的特点，就是用热导仪测定时，它显示的现象和真钻石一样。也就是说，用热导仪无法区分人工合成碳硅石和真钻石。当然，为了区分它们，可使用另外一些宝石鉴定仪器，如偏光仪、反射仪等，这些仪器的使用也必须经过正规学习。

鉴别真假钻石时，只用一种方法或一种仪器，是不够可靠的。同时，还要及时了解世界上高新技术产品的新情况。

是真是假不好说的钻石

金刚石的化学成分是纯碳，与制造铅笔的石墨的成分完全相同。很自然，人们想到怎样才能使极其廉价的石墨变成珍贵的金刚石。经过科学家们多年的研究知道，使石墨处于极高的温度和极大的压力下，它可以变成金刚石。

虽然高温和高压可以使石墨变成金刚石的理论是正确的，可实际做起来在技术上困难重重。早在1823年，就有科学家做过用石墨制造金刚石的实验，此后100多年间，不断有研究单位用各种各样改进了的高温高压装置试制金刚石，但始终未获成功。

直到1955年2月，美国通用电气公司的研究所在12万大气压和 2760℃的高温（在这个温度，铜和铁都变成了气体），并且隔绝氧气的条件下，首次使石墨变成了金刚石。不过所制得的金刚石颗粒非常细小，并且颜色是黑的不透明，远达不到宝石级，只能在工业上用作磨料。

一直到 1970 年，通用电气公司制成了质量达到宝石级的金刚石，并且用它磨成了钻石，最重者可达 1 克拉。由于生产技术复杂，使人造宝石级金刚石的成本高于同等质量的天然宝石金刚石，因此不可能在市场上作为商品销售。但到 20 世纪 80 年代，日本住友电子公司出售了自己合成的黄色宝石级金刚石，价格仅是同级天然钻石的十分之一。最近几年美国加利福尼亚州旧金山的查塔姆宝石制造公司正在销售该公司生产的各色合成刻面钻石，有黄色、蓝色、绿色和粉色合成钻石，而且大约每月有 500 克拉彩钻晶体（今后会更多）是在中国切磨加工的，重量从 0.25 克拉到 2 克拉不等。

自然界产出的钻石，绝大多数是无色透明，即俗称白色的。此外，自然界还产出极少量具有鲜艳颜色的钻石，如蓝色、红色、绿色、金黄色等，这类钻石由于既美观又极罕见，其价格是白色钻石的十几倍甚至上百倍。

由于彩色钻石稀少价格极贵，于是人们想用各种方法来改变钻石的颜色，使不受欢迎的淡黄、棕褐色的钻石，甚至白色的钻石，变成极珍贵的蓝、红、绿等色的彩钻。

从 20 世纪初开始，就有科学家进行钻石改色的研究，到 20 世纪 40 年代末，随着原子核物理学的大发展，人们利用磁力回旋加速器，用它产生的高速电子或中子轰击钻石，使无色的钻石产生颜色，结果获得了绿色、金黄色及少量蓝色和红色的钻石。这样改色的钻石没有放射性，对人体无害。

这种辐射改色的钻石与天然彩色钻石虽然看来外观相同，但价格却相差巨大。可是，要区分它们又非常困难，目前全世界只有几家最权威的研究机构才有可能鉴别它们。

看来，现代科学技术的飞速进步，对我们原有的观念也造成了冲击和困惑。

例如上面说的人工用石墨生产出的钻石和用白色钻石改色而成的彩色钻石，到底算是真货，还是假货呢？

说是真货，它们不是自然界产出的。说假，也不合适，因为它们的确是钻石和彩色钻石，只是成因不同而已。

看来，我们头脑中固有的真的、假的的观念要改变了。像上面这种钻石，不能简单地归类为真的或假的，而应另列一类，即称为人工合成钻石和人工改色钻石。当然，在出售时应该向消费者说明，并且价格应该按生产的成本来定。如果将这类钻石冒充天然品卖高价，那就是不能容许的卖假货了。

红、绿、蓝色的人造宝石

在公认的四大珍贵宝石，即钻石、红宝石、蓝宝石和祖母绿中，除人工合成的钻石因成本太高尚未正式大量上市出售外，另外三种宝石目前不仅都能大量人工制造，而且生产成本比天然品低得多，都早已在市场上正式出售。其中最早生产成功的是红宝石。

早在 1877 年，法国化学家弗雷米就制造出了人造红宝石，不过颗粒很小，成

红宝石钻戒　　　　　郭克毅 摄

珠宝奥秘

本也很高。到了1902年，法国科学家维尔纳叶用焰熔法生产出了人造红宝石，几年之后，即在1910年，又用同样的方法生产出了人造蓝宝石。

由于当时技术还不够成熟也不普及，人造红宝石和人造蓝宝石在市场上并不常见。一直到第二次世界大战之后，即20世纪40年代后期，在市场上才常见有人造红宝石和人造蓝宝石出

天然蓝宝石的六边形生长环带

焰熔法人造红宝石的圆弧形生长线和气泡

售，当时不仅价格相当贵，而且出售者经常不说明这是人造品，即常混在天然品中出售。由此可知，不要以为是几十年前甚至近百年家传下来的红宝石和蓝宝石一定是天然的，因为早在那个时候就已有人造品出售了。

到了20世纪50年代以后，由于生产技术普及，人造红宝石和人造蓝宝石的价格大跌，到了20世纪末，人造红宝石的价格已经跌到天然红宝石的几十分之一甚至百分之一。人造蓝宝石的价格也比天然蓝宝石低得多。20世纪50年代至20世纪末，宝石行业内有人把人造红宝石叫做"鲁宾石"，这其实是英文"红宝石（Ruby）"一词的音译。

既然人造红宝石和人造蓝宝石价格比天然品要低得多，那么怎样鉴别它们就成了一个紧要的工作。遗憾的是，作为

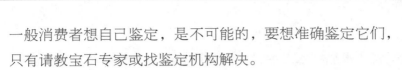

一般消费者想自己鉴定，是不可能的，要想准确鉴定它们，只有请教宝石专家或找鉴定机构解决。

当然，也可以介绍一点最简单的鉴定特征。在天然红宝石和蓝宝石上，有时有六边形的生长线，即有颜色深浅不同的六边形条带。实际宝石上，有时不像附图的六边形那样完整，而只能见到一部分。凡是有这种六边形生长线的，就一定是天然红宝石（蓝宝石）。对于一部分人造红宝石和人造蓝宝石，它上面有圆弧形生长线（见上页附图），见到了它，就一定是人造品。当然，如果宝石上什么生长线都见不到，那就只有请教专家了。

绿色的宝石祖母绿，也是早在1888年就已有了人造品。到了1928年，生产出了颗粒大能磨宝石的祖母绿，但价格仍太贵。到了20世纪60年代中期，人造祖母绿的价格下降到只有天然品的十分之一左右，当然仍不算便宜。后经过不断地改进技术，目前人造祖母绿的价格又有较大的下降，可是，它仍比人造红宝石和人造蓝宝石贵得多。

要想区分祖母绿是天然的还是人造的，这只有宝石专家或专门检测机构才能做到，一般消费者自己是无法鉴定的。

一般讲：在正规商场和大珠宝店中，管理比较严格，不会将廉价的人造宝石冒充天然品欺骗顾客。这些人造宝石经常会出现在卖工艺品、小商品的市场及地摊上。要特别注意的是，在国内外的一些旅游地点，会有人用这类人造宝石制成首饰卖高价，一定要提高警惕防止上当受骗。

人造水晶，用途多多

水晶大多是无色透明的，此外，还有粉红色的芙蓉石、紫色的紫晶、黄色的黄晶、茶色的茶晶（又叫烟晶）和黑色的墨晶。虽然，天然水晶的价格已经非常低廉，可是自从发明人造水晶技术以后，其产量增加迅速，价格越来越低。

无色透明水晶 天然品价格非常低，可是由于内部多少含有杂质或瑕疵，用来制造首饰如项链珠虽无妨碍，可不能用于高级技术，例如制作石英表的机芯，高级手表的表蒙等。高级技术必须使用毫无杂质和瑕疵的人造无色水晶。由于生产成本较高，人造无色水晶的市场售价比天然水晶贵，一般不用作首饰原料。

有色水晶 天然的有色水晶比无色水晶价格贵得多，用人工生产出的有色水晶，如紫晶、黄晶等，比天然的价格要低一些。此外，天然水晶中没有绿色的和蓝色的，可人造水晶能生产。因此，凡是见到绿色或蓝色水晶的首饰，这水晶一定是人造的，由于成本高，它们的价格比紫晶和黄晶要贵。

别看天然水晶和人造水晶价格都不贵，可区分它们倒很困难，即使是宝石专家或检测机构，用简易快速的方法有时也无法鉴定。如果一定要准确鉴定，有时要使用大型鉴定仪器，这类仪器的鉴定费比较高，可水晶又是不值钱的宝石，有时一个戒面甚至一条项链的价钱，还不值鉴定费。

天然水晶和人造水晶在本质上并没有什么不同，只不过前者是在自然界的天然环境下生成的，而后者是用人工装置生产出来的，同时二者价格相差也不是太大，故不一定非要去区分它们。

第六章

制造首饰的金、铂、银、钯

无论是制作纯金属首饰，还是制作镶宝玉石的首饰，都要使用多种金属，其中最主要的当然是黄金、铂、银和 2004 年才开始独立使用的钯。

其实，仅用上面这几种贵金属制作首饰，是远远不够的。为了改变这些贵金属的性能和颜色，还须要使用铜、镍、锌，甚至铝、铁、钛等多种金属，以增加贵金属的硬度，并获得

各种镶钻的贵金属首饰

多种奇异的颜色。例如，你知道黄金有白色、蓝色、绿色和黑色的吗？使用现代技术加多种金属配料，都能生产出来。

人人喜爱的黄金

目前市场上出售的使用黄金的首饰，按所含黄金的成分可分为：足金、开金、镀金和仿金四类。

足金 足金就是俗称的"纯金"。按照我国的国家标准规定，

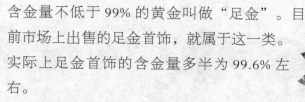

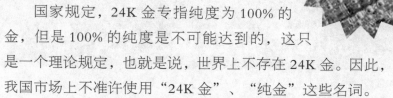

含金量不低于 99% 的黄金叫做"足金"。目前市场上出售的足金首饰，就属于这一类。实际上足金首饰的含金量多半为 99.6% 左右。

国家规定，24K 金专指纯度为 100% 的金，但是 100% 的纯度是不可能达到的，这只是一个理论规定，也就是说，世界上不存在 24K 金。因此，我国市场上不准许使用"24K 金"、"纯金"这些名词。

同时国家规定，含金量不低于 99.9% 的金，叫做千足金。至于俗称"四个 9"的黄金，即含金量不低于 99.99% 的黄金，只是在商业上使用，国家标准上没有这种规定。

黄金越纯越软，足金就非常软，牙咬就能在上面留下痕迹。因此，足金首饰很容易弯折变形，容易断裂，这就是足金首饰款式和花纹都不够精细美观的原因，而足金项链都比较粗笨，以免拉断。从美观和款式花纹经久不变考虑，足金首饰是不好的。

镶嵌宝玉石的首饰，不能用足金制作，因为足金容易变形而使宝玉石脱落丢失。

开金　在足金中加入一定比例的其他金属，例如加入银、铜、锌、镍等，这就成了开金（又可写作"K 金"）。制造开金的目的主要是为了增加黄金的硬度，以便镶嵌宝玉石或制作不易变形的首饰；同时还可以降低金的价格以及改变金的颜色。

开金的纯度，即含多少黄金，用符号"K"来表示。24K 金为含金量 100% 的黄金；这样 12K 为 24K 的一半，故 12K 金表示含金 50%，另外 50% 则是加入的杂质金属；18K 为 24K 的 3/4，即 75%，表示 18K 金含金量不低于 75%，另有 25% 为杂质金属（关于各种 K 金的含金量可见书末的"附表")。

对于开金首饰，人们常会提出一个问题，即怎样知道开金的含金量，也就是说怎样知道它是多少K的。在国际和我国国内的正规商店和市场里出售的开金首饰，为了表示负责任，维护信誉，都在首饰上打有含金量的"印记"。现代的印记都用数字表示，例如：18K、14K、9K 或 750（相当于18K）、583（相当 14K）、375（相当于 9K）等。在非正规商店、地摊上或某些旅游地点购买的所谓金首饰，它的上面经常什么印记也没有，这就等于没有商标没有成分的三无产品，质量是毫无保证的。

对于没有标明纯度的金首饰，或对纯度有怀疑的金首饰，现代有多种测定黄金纯度的方法，这在一些专门机构都能进行。

黄金首饰是经过精心制作的高级装饰品，人们当然不希望在佩戴中因变形而影响美观，因此，在经济比较发达的国家和地区，人们都佩戴 18K、14K 或 9K 的金首饰，商店也只出售这类金首饰，很少见足金（纯金）首饰。一些经济比较落后的国家和地区，出于保值的心理人们多选购足金首饰，因此商店里足金首饰多，硬度高不易变形的K金首饰反而很少。在我国的大城市中，这种情况正在改变。

白色金和彩色金　过去，在广大消费者的心目中，认为开金无论含黄金多少，它总是黄色的，而且认为，开金的颜色越黄，含金量就越高，如果颜色变浅发白，那含金量就越低。现在看来，这种观点是不正确的，因为开金的颜色，决定于它所含的杂质金属。

在目前的社会上，流行白色的金首饰，为了满足消费者的需求，多年前就已生产出了"白色的黄金"。在中国大陆，最常见的是"18K白色的黄金"，在国外，还有 14K 和 9K

白色的黄金。它们称为"K白金"或"白K金"，这种开金不再是传统的黄色，而是白色的。例如：18K白色的黄金是用75%的黄金，加入25%的银、镍、锌等金属熔炼而成，是目前我国市场上正在大量销售的产品。它的优点是比"铂金"价格要低得多，而装饰效果却是相似的。

为了迎合消费者爱好新奇的心理，用黄金配合各种杂质金属，可以生产出多种颜色的"彩色黄金"，这类彩色金的颜色有：红、粉红、橙红、绿、蓝、褐、灰甚至黑色。所用的杂质金属有铜、银、铝、铁、钯、镉等。这些彩色金颜色越是新奇，价格越贵。这是由于制造技术困难，成本高昂所致。

白色金和彩色金也是开金，在它们制作的首饰上，也一定打有表示含金量的印记。

镀金　镀金是在铜、铜合金或其他贱金属制成的首饰上，镀上一层极薄的黄金，以增加美观。镀金层的厚度由几微米至二三十微米不等。要注意的是，不要以为镀金首饰表面有一薄层黄金，它的价值会增高，实际上所镀的金层极薄，用金量微不足道，在整个首饰中所占的价钱也微不足道。

在发明电以前没有镀金，人们采用"包金"，即在铜（或银）条表面包上极薄的金箔，经过敲打使金箔与铜条接合紧密，然后制成首饰。包金工艺复杂，成本昂贵，可是制成品的质量并不好。自从发明电以后有了镀金，包金这种费时费力，成本昂贵而质量又不大好的工艺，就完全淘汰了。因此，现在市场上商家宣传的"包金"，实质上都是镀金。

新的镀金首饰在外观上看很像黄金首饰，但手掂重量要轻得多。镀金首饰戴的时间长了镀金层会被磨掉，颜色也会发生变化。

镏金　镏金是我国一种古老的技术，大约在两三千年前就已开始使用。其方法是：将黄金加入到水银中，搅拌后黄金在水银中溶解形成泥状的"金泥"，将金泥极薄地涂在需要镏金的器物表面，然后用光滑的玛瑙圆棒滚压，使金泥厚度均匀并且表面光滑，再用火烘烤，使涂的金泥层中的水银挥发，留下一薄层金紧附在器物的表面。这样，镏金就完成了。如果认为只涂一次形成的金层太薄，可以再重复镏金，重复多次可以在物体表面涂上较厚的金层。

镏金有两大优点，一是可以在不导电的物质如木头、石头上涂金层，而镀金则必须是能导电的物质如各种金属；二是可以在体积非常巨大的物体上涂金层，并且可以只涂需要的地方。人民英雄纪念碑，碑是花岗岩的，不导电，碑体积巨大，重近百吨，同时要求只在碑的文字上涂金层，别的地方不涂，这只有用镏金技术才能完成。

因此，即使在镀金技术非常完善而且价廉的今天，镏金技术仍是不可缺少的。

仿金　仿金又称"亚金"或"合成金"，实际上就是假金。它是用廉价的金属如铜、锌、镍、钛、铝等，按一定配方熔合而成，其颜色有的金黄，与黄金极相似；有的银白，与铂金很相像，但用手一掂即可知，它们比黄金或铂金要轻得多。

仿金首饰质量相差很大，劣质的可能用铝制成，极易磨损，佩戴十天八天就可能变色，但质量好的仿金不仅颜色与黄金相似，而且制成的首饰也可能经久不变色，同时它的硬度比黄金大得多，花纹精细不易变形。现代又生产出了银白色的钛合金，它经久不变，用它镶嵌立方氧化锆（钻石代用品）后，外观与铂金钻戒非常相似，戴在手上即使内行也很难分辨。因此，单纯从装饰效果看，仿金首饰并不亚于真金首饰，比起容易变色的镀金首饰更是强多了。

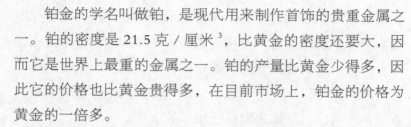

领导时尚的铂金

　　铂金的学名叫做铂，是现代用来制作首饰的贵重金属之一。铂的密度是 21.5 克 / 厘米 ^{3}，比黄金的密度还要大，因而它是世界上最重的金属之一。铂的产量比黄金少得多，因此它的价格也比黄金贵得多，在目前市场上，铂金的价格为黄金的一倍多。

　　铂金为纯白色，比黄金硬，化学性质与黄金一样稳定，很适合于制作首饰。由于优质的钻石是完全无色的，带有微黄色被认为是钻石的缺陷，因此，如果将优质钻石镶嵌在黄金首饰上，黄金的黄色就会映入透明的钻石中，使钻石因带有黄色而看起来质量降低了。由于这个原因，现代国际上流行在铂金首饰上镶嵌钻石，铂金的纯白色与无色透明的钻石搭配起来相得益彰，更能显示出钻石的晶莹洁净和高雅。

　　黄金的黄色虽美，但也有很多人偏爱那纯白色铂金的高雅与素洁，尤其近些年来，对白色金首饰的爱好成了一种时尚。因此，市场上无论是镶宝石的首饰或不镶宝石的首饰，大多数都是白色金制作的，其原料有 18K 白色黄金（K 白金）和铂金两大类，价格上当然是铂金贵得多。

　　目前市场上出售的用铂金制作的首饰，无论是镶宝石的或不镶宝石的，其铂金含量有四种，即：Pt900（含铂不低于 90%）、Pt950（含铂不低于 95%）、Pt990（含铂不低于 99%）和 Pt850（含铂不低于 85%）。从实用观点看，以 Pt900 的质量最佳，因为它的硬度高，光泽及白度最佳。由于铂的元素符号是"Pt"，因此在所有的铂金首饰上，都打有"Pt900"或"Pt950"等印记，消费者看印记即可知道这是铂金制品，并可知道铂的含量。

价廉物美的银

近年来，银制的首饰又有重新兴起的趋势。银首饰的最大优点是价格低廉，还不到金首饰价格的十分之一。市售的银首饰含银量有 80%、92.5% 和 99% 三种，以含银 92.5% 的最常见，质量也最佳，硬度和光泽都比较好，其他两种较少见。在银首饰上，都打有印记以便识别，印记例如：S925 或 925（含银不低于 92.5% 的银首饰）；S990、990 或纯银（含银不低于 99.0% 的银首饰）。

银首饰的最大缺点是会变黑，这是由于银接触了微量"硫"的结果。由于空气中常含有微量硫，某些化妆品及日用品中也可能含硫，因此银首饰常会弄不清原因就变黑了，这时可以用再抛光的方法，或者专用的"擦银布"擦拭，都可以去掉黑渍，使银饰重新光洁。

最新登场的钯金

钯金的学名叫做钯，元素符号是"Pd"。它和铂是同一族的贵金属，都是银白色，物理化学性质也很相似，在空气中非常稳定，不会氧化变色。对于日用化妆品和生活用品，以及各种清洁剂（如肥皂，洗涤灵），钯都是非常稳定的。同时，它的硬度比黄金大，机械加工的性能和铂相似，因此，钯也完全符合制作高档首饰的要求。

钯的密度是 12 克 / 厘米^3，而铂是 21.5 克 / 厘米^3，这表明在体积相同时，钯比铂要轻得多；而在重量相同时，钯制成的首饰要大得多（如戒指）或粗得多（如项链）。

钯的产量比铂少，按物以稀为贵的道理，钯的价格应该比铂贵。实际上不一定，这和世界市场的供求关系有关。

2001 年 1 月，由于钯的主要产地俄罗斯禁止出口，钯的世界市场价格飞涨到 1 090 美元 1 盎司，约合 35 美元 1 克；而当时铂的价格不过 500 美元左右 1 盎司，只是钯的一半。可后来由于产地恢复供货，钯的价格猛跌，到 2003 年 4 月时，跌到 150 美元左右 1 盎司，约合 5 美元 1 克。而此时铂已上涨到每盎司 600 美元以上。时至 2005 年初，由于市场对铂的需求激增，铂价上涨到每盎司 870 美元左右，约合 28 美元 1 克，而钯因为需求不旺，每盎司价格在 200 美元左右徘徊，即每克不到 7 美元。

由于铂的价格逐年上涨，铂金首饰在我国市场的零售价已从每克人民币 140 元上涨到 300 元以上，大大影响了广大人民的消费。因此，价格低廉而外观及质量与铂基本相同的钯，就被用来制造首饰了。

钯制的首饰于 2004 年上市，到目前为止，已有戒指、项链、手镯、耳饰、项坠等超过 1 万种款式的钯首饰在市场上出售。它的外观和铂金首饰一样，除掂着轻外，其他毫无区别。钯首饰所用原料有"Pd990"（含钯不低于 99%）和"Pd950"（含钯不低于 95%）两种。关于钯首饰的修理焊接工艺，都已基本过关，一般能修理铂金首饰的地方，也能修理钯金首饰。

到 2006 年初，市场上出售的只是钯金首饰，还没有钯金镶宝石的首饰出售，估计不久的将来会出现。

钯金首饰的售价，在 2006 年初比铂金的低得多。可是，从发展前景看，由于钯的产量比铂少，如果中国这个首饰贵金属消费大国一旦兴起购买钯金首饰的热潮，因而从国外大量进口钯，那国际市场钯的价格必然又会猛涨，是否又会超过铂的价格就很难说了。

第七章

首饰的选购

在人类历史上，曾经出现过的首饰种类极多，经过长时间的选择淘汰，流传至今而又为广大人群接受的品种有：戒指、项链、项链坠、耳饰、手镯、手链和手串，挂件等。在我国市场上，目前正在大量出售的首饰品种也正是这些。

我们在市场上选购首饰时，须要注意的事项有首饰的材料、款式、做工（工艺）和尺寸等，下面就市面上常见的首饰谈谈有关的选购知识。

戒指的选购

戒指是人们佩戴得最多的一种首饰，它的品种多不胜数，用以制造戒指的材料种类也很多，主要可分为金属、金属镶宝玉石、玉石和有机物四大类。

金属戒指　用来制造戒指的主要金属有黄金、铂金、钯金、银和铜。为了改变或改善这些金属的硬度、颜色和其他性质，还经常在其中熔入各种杂质金属如锌、镍等。

黄金是制作戒指最主要的金属，单纯用黄金制作的戒指，其含金量各有不同。我国大陆市场上出售的只有足金和18K金两种，国外则还有22K、14K和9K金的。虽然我国大陆的消费者已经明白黄金并不保值，但可能由于习惯的影响，仍偏爱足金的戒指，少有人选购18K金戒指。其实从装饰和耐久的效果看，18K的黄金戒指比足金的好多了，因为它硬度大，不易变形，可以铸造出经久不变的精美花纹。而足金戒指戴的时间一长，变形非常严重，以至于不得不去金店再花一笔钱"以旧换新"。

近年来，银白色的金首饰非常流行，成为一种时尚。这类金首饰的制作原料有三种，一是铂金，它的质量好，颜色

夏瑀　摄

经久不变，但价格比较昂贵。二是钯金，性质与铂金相同，但价格较低。第三种是18K白色黄金（俗称K白金），它用75%的黄金加入银、镍、锌等熔炼而成，它的颜色并非纯银白色，而是带有微黄，因此在制成首饰后，要在它的表面镀上一层极薄的金属"铑"（这在宝石行业术语叫做"电白"），使首饰外观看来与铂金制品一样纯白光亮。可佩戴的时间一长，铑层被磨掉，首饰表面又出现微黄色，这时只有重新电白一次才能变纯白。18K白色的黄金价格也较低。

为避免颜色单调和增进美观，有时用白色金和黄色金合制成戒指，例如戒指由三条长条带组成，上下条带为白色金，中间条带则为黄色金。这种戒指比一种颜色的美观，但价格则贵得多。要注意的是，所用的白色金可能是铂金，也可能是18K白色黄金，这两种原料价格相差很大，购买时须分清。

近两年来，银制的戒指在市场上又逐渐增多了，所用的原料都是含银92.5%的，在银首饰上所打的印记为S925或925，根据这个印记，可以与白色金的首饰区别。银制品的特点是：新的不戴不易变色，一直戴在手上也不易变色，戴一段时间后又放起来则容易变黑。

镶宝石戒指 除上述单纯用金属制作的戒指外，镶宝石的戒指也十分流行，它美观，装饰效果好，有取代纯金属戒指的趋势。

镶宝石戒指所用的金属戒指托，其原料有四类，即：黄

夏珺 摄

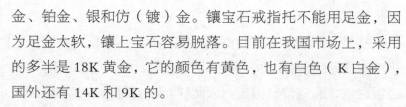

金、铂金、银和仿（镀）金。镶宝石戒指托不能用足金，因为足金太软，镶上宝石容易脱落。目前在我国市场上，采用的多半是18K黄金，它的颜色有黄色，也有白色（K白金），国外还有14K和9K的。

值得专门指出的是钻石戒指，它都用白色金镶嵌，以显示钻石的晶莹。在我国市场上，几乎全部使用铂金镶嵌，其成色有Pt900和Pt950两种。国外及港澳则常用18K白色黄金（K白金），质量当然不如铂金的好。

由于近年来白色金成为时尚，因此镶红宝石、蓝宝石、翡翠，甚至低档宝石紫晶等的戒指，也采用白色金。选购时应分清是铂金还是18K白色黄金，因为二者价格有很大差别。

用银戒指托镶低档的天然宝石或人造宝石的戒指。近几年已在市场上大量出现。所用的天然宝石皆为小粒，质量不高的红、蓝宝石和翡翠，或低档廉价宝石紫晶、橄榄石、蓝黄玉等。也有将人造的立方氧化锆镶在银戒指托上，作为铂金钻戒的代用品。其外观看来很相似，可价格只是真铂金钻戒的几十分之一甚至百分之一。

玉石戒指　是指用整瑰玉石雕琢成一个圆圈状的戒指，所用的玉石有翡翠、玛瑙、石英岩和岫玉等。

最常见的玉石戒指是用翡翠雕制而成，常见的款式有两种，一种是一个扁平的圆圈；另一种叫做"马镫戒指"，外形像一个倒置的马镫，即上部成长方形类似戒面（可能雕有各种花纹），下部则为一圆环。翡翠玉石戒指的价格随质量的不同而变化极大。例如1995年10月北京嘉德拍卖公司拍卖的一个极佳的翡翠马镫戒指，全部为均匀的深浓翠绿色，透明度极佳，拍卖底价高达人民币120万元。可是最劣质的翡翠玉石戒指价格却非常低廉，每枚零售价不超过10元人民币。对于一般消费者，在选购翡翠玉石戒指时，只要戒指上部（相当于戒面部位）有一小块绿色，其他部位都是白色的，即可以购买，这种质量的翡翠玉石戒指，作为装饰品可以佩戴，而价格也易于为消费者接受。

目前市场上出售的玛瑙戒指基本上都是人造的，本质就是一种玻璃制品。真正用天然玛瑙雕琢而成的戒指很少见。这类人造玛瑙戒指颜色以棕红为主，也有紫色、灰白、甚至绿色的，实际上可以制成任何颜色。其价格都非常低廉，是一种类似玩具的低档装饰品。

用白色石英岩雕琢而成的戒指，完全仿照翡翠玉石戒指的外形制成，它也有圆环形和马蹬形两种，为了使外观更像翡翠，都进行染色，最常见的是将戒指的上部（戒面部分）染成绿色，也有将整个戒指染绿者。由于翡翠还有紫色和棕红色者，故这种白色石英岩戒指有时也染成深棕红或紫色。这类戒指由于原料极廉，同时大批量生产，故其价格非常低廉。

用岫玉等低档玉料雕制的戒指，和玛瑙戒指一样，也是一种价格非常低廉的饰物。

有机物戒指　用有机物雕刻或制作的戒指市场上比较少见，所用的原料有：骨头、珊瑚、优质硬木料，甚至大象毛等。

比较有价值的是用红珊瑚雕的戒指，由于原料贵重，雕琢工艺比较精细，经常有精美的花纹，所以价格相当昂贵。不过近年来用白珊瑚甚至白骨料染红色冒充红珊瑚成风，因此购买时必须注意，以免上当受骗。

过去还有用象牙雕制的戒指，近年来由于保护野生动物，国际上已明令禁止象牙及象牙制品的买卖，我国也是签字国之一，作为文明的公民，不要购买或佩戴象牙制品。

用以制作戒指的木料，都是坚硬而又细腻的，如乌木、紫檀等。这些木料适宜于雕刻，木制戒指上常雕有精美的花纹，实际上成了一种工艺品，所以价值也就不低了。

骨头和大象的毛，都是极廉价的原料，用这类原料制成的戒指，是一种廉价的类似玩具的物品。骨制戒指多半在旅游点出售，大象毛戒指近年由东南亚传入我国，但未见流行。

蓝宝石戒指　　　　　　　　郭克毅　摄

戒指圈口　圈口指戒指圆圈的直径。由于人的手指粗细不同，佩戴的戒指圈口必须合适，圈口小了戴不进去，太大又容易滑脱。

在选购戒指时，消费者如果本人亲自前去，则可伸手试戴，合适为止。但如果托人代购，或所购的戒指圈口大小不合适要改制时，就必须知道佩戴人手指戴多大圈口合适。

戒指圈口大小，在首饰界已有统一的表示方法，一种用毫米，即戒指圈口的直径是多少毫米；另一种用"号"，由"1号"至"32号"，号越大圈口越大。为了测定消费者的手指戴哪一号的戒指合适，专门制造出了一套标准指圈，这就是由1号到32号大小不同的金属圆圈，消费者手指试戴后，可以选定一个合适的圈号（或圈口直径），以后再选购戒指，即使不亲自去试戴，只要圈号准确，戒指圈口大小必定是合适的。

我国和东南亚国家适用的戒指圈口号和圈口直径（以毫米计）的对照关系，可见本书末的"附表"。

项链的选购

制造项链所用的材料和戒指一样，可分为纯金属、镶宝石、玉石和有机物几大类，不过总起来看，所用的材料品种比戒指还多。

金属项链　目前市场上制造纯金属项链的金属，主要是黄金和铂金；还有新出现的钯金。过去从保值的心理出发，消费者购买黄金项链时一定要足金，即纯金的。后来慢慢明白，黄金既不保值，足金又太软，用足金制作的项链必须又粗又重才不容易断裂，这样就不能铸造精细美观的外形和花纹，显得相当粗笨。因此，18K 的金项链日趋流行，18K 金项链一般都很细，重仅 1 克多至 2 克多，因而价格低廉，同时铸造外形及花纹都非常精美，装饰效果甚佳。如果再配上一套颜色款式不同的镶宝石项链坠，随衣服的式样颜色和季节变换而选择佩戴，实在是非常理想的。

18K 项链有黄色的，也有白色的，价格相差不大，消费者可根据个人爱好选择。在国外，流行 14K 的金项链，还有 9 K 金的，这类项链更硬更结实，国内目前由于消费者在习惯上还不认可，因此尚未见有售。

除黄金项链外，市场上还有大量的铂金项链出售，所用的原料为 Pt900、Pt950 和 Pt990，由于这类铂金比较硬，因此项链一般也较细，外观花纹也很精美，但价格比 18K 白色的黄金项链要贵得多。此外还有钯金项链出售，其性能和外观都极似铂金，但价格较低。

近年来银首饰又有所兴起，其中也包括银项链，所用的银含量都是 S925 的，新的银项链颜色银白光亮，与白色的金项链相似，但时间长了光泽容易变暗，甚至变黑。银首饰的价格比金首饰要低得多。

镶宝石项链　这是指用黄金或铂金制作链子，上面镶了多粒宝石的项链。所用的黄金主要是黄色或白色的 18K 金，也有用铂金者。

项链上所镶的宝石，大多是高档品，如钻石、红（蓝）宝石、祖母绿、翡翠等，至少也是镶彩色碧玺。根据所镶宝石颗粒的多少、大小和质量，镶宝石项链的价格相差极大。例如一条特制的，镶多颗大粒钻石的项链，价格可高达数百万美元；而镶 3 ～ 5 颗小粒蓝宝石的项链，价格可能为人民币 1 千余元。

总起来看，镶宝石项链的品种、数量和销售量，远比不上镶宝石的戒指。对于大多数消费者，多倾向于购置金项链，再配上一个或多个可调换的镶宝石项链坠。

玉石项链　这是指用玉石磨成圆球形或其他形状的珠子，打孔后用细绳穿串而成的项链。通常项链上没有金属（项链扣除外）。

虎晶石圆珠项链　　　　郭克毅 摄

用于制造这类项链的材料，比雕玉石戒指的材料种类要多得多，几乎可以这样认为，凡是颜色美观的石头，磨成珠子后都可以穿制项链，因此，世界上许多国家和地区都有其独特的产品，而且由于原料丰富，价格一般不贵。

在我国市场上，比较常见的玉石项链所用的材料，有翡翠、水晶、玛瑙、低档玉石、孔雀石、绿松石、青金石、木变石、乌钢石等，还有人造的玻璃、料（瓷）器、珐琅（景泰蓝）等。

　　在上述材料中，用翡翠圆珠穿成的项链由于质量不同，价格相差极大。1994年10月31日，香港佳士得拍卖公司拍卖出一条质量极佳的翡翠圆珠项链，成交价约合人民币3 500万元。这串项链仅由27粒翡翠圆珠组成，粒粒晶莹剔透，均匀翠绿，质量无与伦比。当然，像这种极优质的翡翠项链，是绝无仅有的。在国内外的拍卖会上，质量较佳的翡翠圆珠项链价格在人民币10万元以上者常见，可劣质杂色的翡翠圆珠项链，每条价格可能仅为人民币数百元。对于一般消费者而言，选购翡翠圆珠项链比较困难，因为一条颜色和透明度勉强看得过去的制品，价格都在人民币万元以上。因此，除对翡翠圆珠项链有偏爱外，可考虑购买其他玉石材料的项链。

　　在目前市场上，玉石项链中受人欢迎而销售量较大的是水晶项链。水晶项链花色品种繁多，仅从颜色上看，就有无色、茶色、黑色、紫色、黄色、绿色和天蓝色，每种颜色又有深浅之分。至于项链珠磨制的形状，更是变化多种多样。

　　水晶项链珠除圆球形外，还有磨成多个平面的棱面珠，珠平面闪闪发光使项链更加美观。水晶棱面珠的磨制工艺有两种：一种叫做"硬抛光"，珠上小平面的交棱尖锐，平面迎着光看非常光洁，无细划痕；另一种叫"软抛光"，珠上小平面之间的交棱有圆滑现象，平面也不够光洁，常有细划痕。由此可知，硬抛光工艺好，磨成的水晶珠特别光亮

蓝宝石项链　　郭克毅 摄

123

美观，但因费工，价格较贵；软抛光的工艺较差，但价格比硬抛光的低得多。

在选购水晶项链时，颜色可根据个人爱好挑选，无色者最为普遍且价格最低，有色水晶中绿色和天蓝色者有一种特殊美，值得关注。但价格较高。水晶项链宜戴珠粒较大的，小珠粒链只对年轻姑娘比较合适。对于一般消费者，水晶项链珠的形状最好简洁一些，如果一串项链中珠子有长的、方的、圆柱形的、棱面的，这样多而杂的珠子穿在一起，会使人看来有一种庸俗之感。

制作水晶项链的原料，有天然水晶和人工合成水晶两种。人工合成的无色水晶主要供制造仪表机芯用，价格比天然水晶贵得多，一般不会用它来制作水晶项链。有色水晶，则情况有所不同，如蓝色和绿色水晶一定是人工合成的，因为天然水晶没有蓝色的，绿色者也极少见，其他颜色如紫、黄、茶、黑等则天然和人工合成（包括人工改色）的都有。遗憾的是，要想在购买现场迅速准确地区分天然的和合成的有色水晶，经常是做不到的。水晶项链又是廉价的饰品，不值得送到检测单位去做鉴定。好在天然水晶和人工合成水晶性质完全一样，装饰效果相同，价格相差也不太大，一般也就不必区分了。要注意的是，无色水晶项链有时会用石英玻璃甚至普通玻璃项链来冒充，区分方法可参考本书第五章有关玻璃的专节。

除水晶项链外，玛瑙项链也是销售量较大的一种玉石项链，它主要用大小不同的圆球形珠穿成。玛瑙因产量大而档次比水晶低，价格也更低廉。天然玛瑙几乎全是灰白色，为制作首饰的需要，有些产地的玛瑙可以改色，例如加高温焙烧，可以使玛瑙变棕红色；用染料染色，可以获得绿色、蓝色和黑色的玛瑙，由于玛瑙项链的价格非常低廉，因此在习惯上人们对于这种改色和染色的玛瑙制品都已认可。

天然玛瑙价格虽低，但玛瑙仍有人工的仿制品，俗称人造玛瑙，其实质是颜色和花纹很像玛瑙的一种玻璃，其颜色最多的为棕红色，并常有弯曲条带状花纹，此外尚有粉红、绿色甚至杂色（多种颜色）者，这种人造玛瑙项链价格更加便宜。

在挑选玛瑙项链时，首先要注意圆珠的颜色，要求颜色深浓、鲜明而且均匀。最常见的毛病是颜色浅淡而且不均匀。其次注意圆珠的光洁度，要求圆珠表面光滑没有明显的凹坑、麻点和划痕，对于人造玛瑙，内部应没有明显的气泡。

制造项链的低档玉石有：岫玉、独山玉、东陵石以及各地特产的玉石等，种类相当多。它们的共同特点是项链珠都是圆球形，半透明至不透明，颜色大多绿至黄绿色，亦有多种杂色者，价格一般都比较低廉，选购时注意圆珠的颜色和光洁度即可，个别品种圆珠也有染色的。

孔雀石是带蓝的翠绿色，上面常有颜色深浅不同的条纹；绿松石天蓝至蓝绿色；青金石则为蓝墨水一样的深蓝色。这三种材料的共同特点是完全不透明，而且硬度大大地低于玻璃和小刀，容易划出伤痕。项链珠可以是圆珠形，也可能是随形（未研磨的自然形状）。这几种材料欧美人比较喜欢，中国人购买者少，价格比水晶项链高。

木变石的正确名称是"硅化石棉"，颜色主要为棕黄色，亦有蓝黑色者，硬度大于玻璃，研磨抛光后相当光亮而且不易划伤。木变石项链多为圆珠形，有少量随形者。在木变石的圆珠上，常有类似猫眼的闪光。购买时可挑选颜色均匀，闪光较亮者。木变石项链档次不高，价格不贵，蓝黑色者价格高于棕黄者。

乌钢石为纯黑色，完全不透明，闪着强烈的金属光泽，手感相当沉重。它是用赤铁矿粉末在高温中加压制成多种形状的项珠，然后串成项链。乌钢石项链刚上市时曾流行一段时间，后因产量太大，价格急剧下跌，档次太低而在市场上被逐渐淘汰。

人造的玻璃、料（瓷）器和珐琅（景泰蓝）项链，珠子主要仍为圆球形，只是珐琅制品上可能有繁复的花饰。玻璃和料（瓷）器项链都是低档品，价格低廉，珐琅圆珠项链价格较高。总起来看，这类项链产量很小，销售量很有限。

有机宝石项链 这类项链的材料中，最主要是珍珠，其他如用木料、琥珀、珊瑚、骨头等比较少见。

关于珍珠质量的选择，可参阅本书前面的珍珠专章。在选购珍珠项链时，除注意质量外，还要对比整串项链中珍珠的大小是否一致或对称，颜色是否一律，有无杂色现象。

珊瑚项链红色的相当珍贵，项链珠主要是圆球形，经常雕有精美的花纹，价格自然更高。要注意的是，现在市场上的红珊瑚中染色的假货非常多，购买时须到正规的商店并要求开具正式发票。

骨制项链价格低廉，但因其颜色和工艺都和象牙非常相像，在禁止买卖象牙及其制品的今天，喜爱象牙项链的消费者不妨选购骨制项链。

琥珀项链颜色有黄、棕黄、金黄、橙黄、

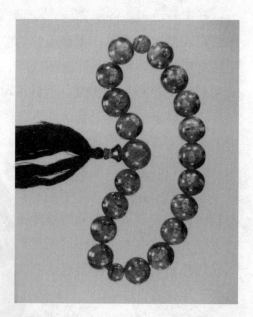

琥珀项链　　　　　　　　郭克毅 摄

橙红至褐红等色，以鲜明的金黄或橙红色者为佳，带棕褐色者欠佳。项珠的形状有圆球状及随形者，其内部往往有不少裂纹及杂质。总起来看，琥珀的价格并不昂贵。由于琥珀遇高温会软化至熔化，因此有人将细粒的琥珀碎渣（在开采时碎渣比大块的多得多）加温熔化，冷却后形成大块琥珀。这种用重熔琥珀制作的首饰，当然价格应降低，问题是鉴定是否重熔琥珀相当困难。此外，有些较大粒琥珀内含有几十万年前甚至几千万年前的昆虫或树叶等，其价格非常昂贵，于是有造假者将琥珀熔化后，放入现代的昆虫或树叶冒充远古的，以便卖高价，而能鉴别昆虫及树叶是否是远古的专家，全国可能不足十人，可见鉴别非常困难，因此不可随便购买这类高价的琥珀。

用木料制作的项链，制作工艺通常很粗糙，价格也很低廉，它只是短期流行的一种时尚，流行过去后，可能会被迅速淘汰。

项链长度　在选购项链时，必须考虑项链的长度。按照国际标准，项链长度有：36厘米、40厘米、42厘米、54厘米、71厘米、107厘米和142厘米7种，其中36厘米和40厘米的俗称颈链，而107厘米和142厘米的为长项链。

市场上出售的项链长度不一定都符合上述标准，我们只要记住：作为颈链，长度一般不宜超过40厘米；作为一般项链，长度可由44厘米至54厘米，如果准备在项链上挂项链坠，则项链长度不宜超过50厘米。上面是指一般身材的妇女而言，对于身材很高或很胖的妇女，项链尺寸自然要放宽。长度达到或超过100厘米的项链，价格既贵购买者也少，故较少见到。这种超长项链可以绕成两圈佩戴，一圈短一圈长，别具一格，颇有风味。

项链坠的选购

　　人们在购买了项链之后，经常还要选购项链坠，有时还不止选购一个，以便与不同的衣饰相配。一般说来，大的项链坠比小的美观，即使是很细的 18 K 黄金或铂金项链，配用很大的项链坠也更为漂亮。因为项链坠挂在胸前，小了稍远就看不清，大的从远处观看也很醒目，装饰效果显然要好得多。可以这样认为，镶宝石的项链坠是越大越好。

　　制作项链坠的材料与项链相比要少得多，主要是足金，宝玉石及与之相配合的 18 K 黄金或铂金。

　　黄金项坠　在人们热衷于购买足金项链时，足金铸成的项坠自然也是畅销品。它多半呈心形，上面有浮雕的花纹或吉祥字句。这种金黄色的项链坠挂在同样金黄色的项链上（或铂金的项坠挂在铂金的项链上），颜色未免太单调，装饰效果欠佳。因此，这类用足金或铂金制作的项坠受欢

蓝玉髓项坠　　　　　吕林素 摄

迎程度已逐年降低，渐有被镶宝玉石的项链坠取代的趋势。

　　镶宝石项坠　这是将宝石镶在 18 K 黄金（黄色、白色的均可）或铂金托上制成的项链坠，凡是能镶嵌戒指的宝玉石，包括翡翠和珍珠，都可以用来镶嵌项链坠。镶宝石的项坠花色品种繁多，消费者在经济条件许可时，可以选购几个大小、颜色不同的镶宝石项坠，配合衣饰调换使用。

　　由于高档宝石（如钻石、红宝石等）价格昂贵，中档宝石如红碧玺、红尖晶石等颗粒大时价格也不低，因此，镶高中档宝石项坠所用宝石都比较小，项坠本身也就不可能很

大。可是，项坠几乎是越大越美观，为了使镶宝石项坠能大一些，而价格又能为一般消费者接受，只能镶大粒的低档宝石。目前看来，只有蓝黄玉（即蓝色托帕石）和紫晶符合这个条件，大粒的红石榴石价也不贵，但色太黑，不美。所以市场上出售的大个镶宝石项链坠，当宝石大于8毫米×10毫米，即重量超过3克拉时，所用的宝石只能是蓝色黄玉或紫晶。

耳饰的选购

耳饰包括耳环、耳钉和耳坠三种，常与戒指、项链三件配成一套组成套饰。耳饰的戴法有两种，一是在耳垂上打眼，耳饰穿入耳眼中，这比较可靠；另一种是将耳饰夹在耳垂上，这容易脱落而丢失，故这种夹耳饰只适合于短暂时间佩戴者，例如演出时戴的那种很大的工艺耳饰。

耳环　耳环的形状基本上为一对圆环，环的大小、宽窄和花纹品种很多。耳环绝大多数单纯用黄金或铂金制作。黄金制作的耳环，过去主要用足金，近来消费者渐渐体会到足金太软容易变形，因而市场上也有不少18K金的耳环出售，其颜色有黄，也有白（K白金）。在国外，耳环全用14K金制作，亦有9K金者。用铂金制作的耳环，所用铂金主要为Pt900或Pt950，其价格比黄金耳环贵得多。

耳环上很少有镶宝石者，镶宝石的耳环都很宽，通常镶多粒很小的宝石，其价格当然比金耳环要贵不少。

耳坠

耳钉 耳钉是紧贴在耳垂上的首饰，与耳环不同，单纯用黄金或铂金制作的耳钉欠美观，因此较少，种类最多的是镶各种宝石、翡翠或珍珠的耳钉。由于耳钉是一对，因此要求所镶的宝石（或翡翠、珍珠）两粒颜色、大小和形状都一样，否则会有碍美观。高档的宝石或珍珠要达到上述要求较困难，故常用颗粒校小的宝石，只有低档宝石镶嵌的耳钉，才常用大粒宝石，也只有这样，价格才能符合一般消费者的要求。

在挑选耳钉时，对所镶的两粒宝石的"一律性"不必要求太高，只要戴在两个耳朵上看不出明显差异就可以了。

耳坠 耳坠是悬垂在耳垂之下的耳饰，它会随着人的活动而摇晃，别有一种装饰风味。耳坠很少单纯用黄金或铂金制作，市场上出售的主要是镶嵌各种宝石、翡翠或珍珠者，也有将翡翠雕成的小花件或大粒的梨形（水滴形）珍珠装上小环，挂在耳钉上组成耳坠。

有少量耳坠下面的悬垂部分，制作成可以更换的，消费者可以购置几副不同的悬垂部分，如镶红宝石的、翡翠的、珍珠的，以便随衣饰及环境的不同而选用。

耳坠的价格一般比耳环和耳钉要贵，尤其是悬垂部分镶有较大的珍贵珠宝时，价格更为惊人。例如1995年5月10日北京中国嘉德拍卖公司的春季拍卖会上，一副悬挂着优质翡翠小花件的镶钻石耳坠，拍卖底价高达人民币40万元。

工艺耳饰 这是那种外形硕大，线条简洁明快，造型夸张的耳饰。它们都是用极廉价的原料，如仿金、铝片，甚至塑料制成，但工艺比较精美，其价格虽比真金耳饰低，但也不算便宜。

这类耳饰并不太适合在日常生活中佩戴，主要供演员在演出时，或青年人聚会时短时间佩用。年龄较大的妇女如长时间佩戴，似乎有失庄重。

手镯的选购

我国市场上出售的手镯，主要有金制品及玉石制品两大类。

金手镯　金手镯所用原料有黄金和铂金，黄金手镯用足金或18K金制作，18K黄金手镯的颜色又有黄色和白色之分。铂金手镯原料有Pt900和Pt950两种，金手镯由于用金量大，价格都比较昂贵。

在金手镯上，亦有镶宝石者，所镶的都是钻石、红（蓝）宝石、祖母绿等高档宝石，同时所镶宝石粒数很多，即使所用宝石颗粒不大，这类手镯价格也非常昂贵，如果所镶的宝石颗粒大，则手镯的价格将极其昂贵。

无论是单纯的金手镯或镶宝石的金手镯，金圈有两种构造，一种金圈是固定的，圈比较大，以便手能伸进去；另一种金圈是活的，圈上有铰链和搭扣，解开搭扣打开金圈可将手镯戴上，这类手镯金圈小，戴在手腕上不会上下滑动。

金属手镯除黄金和铂金者外，还有银手镯和比较少见的景泰蓝手镯。银手镯因原料价低，因而都比较粗大，所用银多半为S925的，银手镯价格比金的低得多，装饰效果也很好，只是要注意勿接触有硫的东西，因为银一遇硫就会变黑，要去掉又比较麻烦。

景泰蓝手镯是用铜做圈，在铜圈上烧制有蓝色及彩色的珐琅质花纹，这类手镯有粗有细，粗的戴一只即可，细的手镯宽度仅2～3毫米，用不同颜色花纹的几只手镯组

成一套，戴时一个手腕上可以戴一套，别具风味。

玉石手镯 指用整块天然玉石雕琢而成的手镯。所用玉石有：翡翠、软玉、岫玉、玛瑙、水晶、各个地方产的杂玉，乃至最低档的各种颜色的大理岩。

玉石手镯绝大多数是圆形，个别的也有椭圆形和极少见的方形者。玉石手镯的截面过去以圆形为主，近年来发展成大多数为扁形，扁形比圆形美观，得到多数人的喜爱。

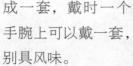

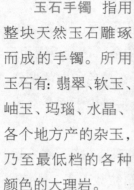

冰地翡翠贵妃镯　　　　邱晓万 摄

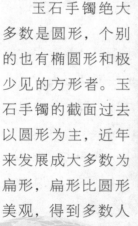

翡翠贵妃镯　　　　邱晓万 摄

在玉石手镯中，自然以翡翠手镯最为高档。在选购时，首先要问清翡翠手镯是 A 货、B 货或 C 货，因为只有 A 货是地道的真货，而且戴的时间越长，手镯会变得更美。B 货翡翠是用强酸浸泡过，而 C 货则是染成绿色的，这类货新的看起来很美观，可戴的时间一长，会变得越来越粗糙难看，甚至会变色。从价格上看，同等外观的翡翠手镯，A 货的价格是 B 货的十倍以上，C 货的价格比 B 货还低得多。对于一般消费者，自己是不可能鉴别 A 货、B 货或 C 货的。因此，只能到信誉好的大商场或专卖店选购，并开具正式发票，这才比较可靠。至于在旅游地点购买或在地摊上选购，那质量是毫无保证的。

同样是 A 货的翡翠手镯，随质量的不同，价格差别极大。香港佳士得拍卖公司拍卖出的一只极优质翡翠手镯，价格高达 1 000 余万元人民币，而劣质的 A 货翡翠手镯，每只可能仅一二百元。

在软玉中，白色的白玉是较珍贵的品种，目前优质的白玉原料缺乏，价格比较昂贵。因此，用来雕琢白玉手镯的原料质量都不太好，或者不够白，或者看来干涩不润泽，这类白玉手镯价格并不很贵。只有拍卖会上偶尔有质量较佳的白玉镯拍卖，其价格经常超过万元，故不是一般消费者愿意问津的。

目前市场上玛瑙手镯随处可见，看起来相当美观。遗憾的是绝大多数玛瑙手镯都不是用天然玛瑙雕制而成，而是用人工方法烧制的，其本质是一种料器或玻璃制品。其颜色以有花纹的棕红色为主，另外有绿、紫、白等色，款式有圆条和扁条，其价格非常低廉。如果用天然玛瑙琢制手镯，价格要贵好多倍，而且颜色还不如人造的美观。

在选购玛瑙手镯时，以鲜明的棕红色又有显著流线状花纹者最佳。

在大量出售水晶项链等水晶制品的地方，偶然有用整块水晶雕琢而成的手镯出售，由于它是无色透明的并不美观，价格也不算便宜，所以购买者较少。要注意的是，这类水晶手镯是否真正天然水晶晶体雕制的须考虑，因为有一些是用"水晶玻璃"，即人工熔炼的二氧化硅玻璃浇铸而成，其价格自然要比真水晶雕制的低得多。甚至有可能是用普通玻璃浇铸而成，那价钱就更低了。

岫玉的黄绿色比较美观，具有玉的润泽感觉，原料价格又非常低廉，因此，岫玉制成的手镯在任何玉器商店，甚至地摊上，都大量的出售，在旅游地点，更是必备的商品。它的价格非常低廉，质量最好的价也不超过 200 元人民币，质量差的在地摊上价钱可以低到令人难以相信的程度。

为了促进销售，岫玉手镯中有一种非常普遍的染色产品——血丝镯，即将岫玉手镯加温产生大量网状裂纹后，再染以血红色，于是在整个手镯上出现红色像血丝一样的网状纹，有的出售者可能胡说是什么坟墓中出土有避邪作用的谎话，用来诱骗消费者购买。这种血丝镯价格也极低廉。

在我国的许多地方，都可能出产本地独有的玉石，它们可能有较美观的颜色和花纹，但因产量大，性能不够好，因此价格都不贵。其中较常见的有独山玉、梅花玉等。独山玉的颜色很多，可以说是杂色的，但颜色大多不够美；梅花玉基本上是棕褐色，上面有着像花枝一样的天然花纹，好的粗看时有些像景泰蓝。独山玉和梅花玉雕制成的手镯，虽然价格低廉，但因销售不畅目前市场上少见。

用大理石类石料雕制的手镯，目前市场上可见到三种产品：一是白色阿富汗玉，它为纯白色，细腻而半透明，其本质仍是碳酸钙；二是白色的汉白玉，较粗不透明，有时还染成鲜艳的颜色；三是纯黄色，俗名黄玉（不是宝石矿物黄玉），它有时染成红色。由于大理石类硬度低（低于小刀），用机器容易加工，因此制造这类手镯成本极低，其价格当然也就很低了。要注意的是，有时有人将阿富汗玉的手镯冒充软玉的白玉出售卖高价，用放大镜可见阿富汗玉手镯内部有平行纹（软玉无纹很均匀）。鉴别方法是用小刀刻划手镯内圈，真白玉的划不动，阿富汗玉会划出伤痕，当然，刻划必须得到货主的同意。

此外，市场上偶尔还有"木变石"手镯出售，木变石的学名叫硅化石棉，它有棕黄色和黑蓝色两种，这两种皆有雕琢成手镯出售，价格虽不贵但比岫玉及各种杂玉手镯价高，黑蓝色的比棕黄色的贵。木变石手镯有特殊的闪光，看来较别致，同时，它比较结实，不易打碎。

在选购玉石手镯时，除注意它的真假和档次外，对手镯本身，必须检查两点：一是仔细观察手镯上有无裂纹，最好用聚光小手电从下面照明，细看手镯内部，要特别注意有无横裂纹，因为有明显横裂纹的手镯受撞击后，可能沿裂纹断裂；二是手镯圈口的大小。一般说来，只要手戴得进去，手镯的圈口越小越好。因为小口径的手镯戴上后不易在手腕上滑动，既美观又不碍事。手镯圈口太大虽然戴取容易，可在手腕上太容易滑动，以致妨碍工作和活动。那么，小圈口的手镯怎么戴上去呢？可在手上涂抹大量不加水稀释的洗涤灵，除拇指外，其余四指并紧，将手镯慢慢地推入（注意此时拇指在外），如果能推到虎口处，那就一定能戴上了，此时可将拇指向手镯圈内用力一钻（另一手帮忙压下拇指），手镯就会滑到手腕上。在取下手镯时，为了容易取下，也应涂抹水或洗涤灵。

对于 A 货翡翠手镯，戴的时间长了，会变得更好看。通常戴上手镯后，就应长年不摘，睡觉洗澡全戴着，不会有妨碍。

手链和手串的选购

手链　手链有两大类，即单纯的金手链和镶宝石的手链。单纯的金手链有黄色的和白色的，黄色的原料有足金和 18K

金。足金太软，因此制作的手链都是又宽又厚（或很粗）以防断裂，不仅价格昂贵，而且手链的搭扣只能用足金的钩子，戴上取下须将钩子弯来折去，时间长了极易将钩子折断。18K金的手链较细，花纹精细，重量轻价格低，搭扣用有弹性的鱼尾钩，不易损坏。

白色的金手链原料有两种，一是18K白色的黄金（K白金），它的花色款式较精美，粗细皆有，价格较低；另一种原料是铂金Pt950或Pt900，花色款式也很丰富，白度和亮度较好，但价格比18K白色的黄金贵得多。

镶宝石的手链所用金属原料和纯金属手链一样，也是黄金与铂金，黄金只有18K黄色、18K白色；铂金则有Pt900和Pt950的。手链上所镶的宝石有：钻石、红宝石、蓝宝石、翡翠以及低档宝石紫晶、蓝黄玉等。镶宝石手链的价格主要决定于所镶的宝石，由于手链上镶的宝石粒数多，因此所用宝石颗粒一般都不大，宝石质量也不是太好，这样才能使手链的价格能为一般消费者接受。当然也有镶多粒大颗优质宝石的手链，其价格当然就非常昂贵了。

在同一条手链上，因为要镶多粒同一种宝石，因此对每粒宝石的大小、形状、颜色和质量，不能过分要求一律，看起来没有显著差别就可以了。

手链的搭扣除足金的用钩子外，其他手链都用弹簧式搭扣，它们开启方便，比较耐用。手链的长度对于一般妇女而言，多半为17.5厘米，手腕粗或细的人，可适当增减。

手串　手串与玉石项链相似，只是长短不同，项链是戴在脖子上的，故较长，手串是戴在手腕上的，要短得多。

制作手串的材料，与项链完全相同，有：各种高低档玉石、碧玺、水晶、珍珠、琥珀、珊瑚、骨料、木料甚至景泰蓝珠子。因此，选择手串的各种要求与特点也与项链相同。

挂件的选购

挂件指用金铸造或用各种玉石雕琢的小工艺品，上有孔，穿上细红绳后，可挂在脖子上或腰间作为吉祥物。这类装饰品又常叫做花牌或玉佩。体积较小质量较佳的挂件，也可以镶上金环，挂在金项链上作为项链坠，会比镶宝石的项链坠效果更佳。

夏璃供 摄

雕制挂件的材料，以翡翠的最为高档，并且使用得最为广泛，此外还有软玉中的白玉、水晶、玛瑙以及多种低档玉石。

挂件所雕琢的题材虽然种类繁多，但都与中国古老的文化有关，主要是祈求平安，祝愿万事如意，以及陶冶性情等。

翡翠挂件 用翡翠为原料雕刻的挂件花色品种最繁多，综合起来，不外乎三大类。第一类是佛像，而且集中雕琢观音菩萨和弥勒佛；第二类是常见吉祥物，如金钱、十二生肖动物等；第三类是吉祥动植物，具体种类极多，动物如獾（欢欢喜喜）、蝙蝠（有福）、喜鹊（送喜）、鱼（连年有余），神灵动物螭虎、龙凤等，植物如葫芦（聚宝）、荷花荷叶（和和美美）、桃子（长寿）等。

冰种翡翠挂件

吕林素 摄

翡翠挂件的质量，主要取决于原料，其次取决于雕琢工艺。例如一块极优质的翡翠原料，用最佳工艺精雕了一个小观音像，价格可能高达数十万元人民币，可如果工艺粗糙，也许连十万元都不值，可见优质原料与工艺相辅相成的关系。如果翡翠质量一般，那所雕的挂件价格雕工占的比例更大。由此可知，消费者在挑选翡翠挂件时，应该注意雕刻工艺的好坏。

当然，翡翠是A货、B货或C货的问题，是首先必须解决的，因为这使同样外观的翡翠挂件价格有极大的差别。

白玉挂件 白玉挂件的原料过去主要用新疆和田产的白玉；近年来由于和田白玉量少，故常用其他地点产的白玉，如青海省白玉或俄罗斯白玉。这些产地的白玉质量有好有坏，优质的比和田白玉并不差。另有拿白色石英岩（俗称京白玉）来冒充白玉的，要区分这些白色的玉，非行家不可。此外，还有用人造的白色料器（即纯白色釉）来冒充天然白玉者，这就更坏了。所以，一般消费者要购买白玉挂件必须到信誉可靠的商店。

白玉挂件的雕工，保持了中国古老的玉雕传统。例如：高质量的白玉常用来雕刻方形板状的"子冈牌"，子冈牌一面浮雕人物，另一面浮雕诗句或吉祥字句。子冈牌看来雕工不复杂，其实雕好极难。行家检查子冈牌雕工的标准是八个字："底平如镜，线直如弦"，即浮雕的底面（没有文字处）——要平滑如镜面，牌的边缘凸起的边线不仅不能断缺，而且要直如弓弦。通常雕工能近似达到要求的，就算不错了。佛像也是白玉挂件的题材之一，常见的有观音、弥勒佛和寿星。此外还有各种吉祥物等。

总起来看，雕工好的白玉挂件，价格比质量一般的翡翠挂件贵得多，可白玉的名气远不如翡翠大，故白玉挂件多为中年以上的人以及内行的消费者选购。

低档玉石挂件 雕制挂件的低档玉石有：岫玉、独山玉、白色石英岩（京白玉）等。其中以岫玉的最常见。

用岫玉雕的挂件品种并不多，主要是佛像、十二生肖以及低档的吉祥物如钥匙、福寿喜字牌、小如意等，雕工简单粗糙，但数量庞大，价格极其低廉。正因为这一点，岫玉挂件成了人们观念上最低档的装饰品，因此，目前岫玉挂件已成为类似玩具的东西，大多是小孩戴着玩玩而已。

黄金挂件　指单纯用黄金铸成的挂件。这主要是足金的方形或圆形金牌，上面浮雕有佛像或十二生肖动物等。由于这类金牌是铸造的，工艺成本不高，往往主要卖的是黄金的价钱。

镀金和仿金首饰的选购

这类首饰既有镶宝石者，也有不镶的；既有极像黄金的金黄色，也有很像铂金的白色。其共同的特点是密度比黄金和铂金制品小得多，略有经验的人用手一掂即可区分，黄金和铂金制品很重，而镀金和仿金制品很轻。仿金制品打有"18KGP"的印记。

按我国习惯，镶宝石的镀金或仿金首饰，所镶的宝玉石一定是价格极廉的低档货，或者就是人造宝石甚至玻璃，这样生产出的首饰，实际上是一种工艺品。它主要在专门卖工艺品的商店或柜台出售，更多的是在旅游商店和地摊上出售，在正规的珠宝首饰商店或柜台，一般是不卖这类工艺品的。

水晶王　水晶（Rock crystal，SiO_2），较大的晶体，重3.5吨。1958年，毛泽东主席转赠中国地质博物馆，被誉为"水晶王"。　章西焕 摄

第八章

珠宝首饰的保养

　　珠宝首饰是贵重的物品，我们应该知道正确的佩戴、保存和清洗的方法，这样才能使它们免受损害，长久的熠熠生辉。

　　所有的珠宝玉石都很脆，经不起剧烈的碰撞，因此在拿取和佩戴时要注意，千万不要从高处掉到坚硬的地上。比如说，若不小心把翡翠手镯掉在水泥地上，就很可能打碎或产生裂纹。也不要在剧烈运动时佩戴贵重首饰，运动时如果首饰不小心撞在硬物上，珠宝就很可能碎裂。

　　在佩戴首饰时，无论怎么小心，时间长了总会有不少灰尘和污垢。尤其在宝石的背面，因为平时擦拭不到，会沾满了污垢。它会使原来明亮闪耀的宝石变得暗淡无光，甚至宝石的颜色也减少了艳丽，这说明，镶宝石的首饰经过一段时间的佩戴后，需要清洗以恢复它的原状。

　　清洗可以手工进行，也可以使用机械，对于一般消费者，宜采用手工清洗。手工清洗最安全。

硬度大于水晶，稳定性好的宝石

这类宝石具有很好的稳定性，常见的有：钻石、红（蓝）宝石、祖母绿、尖晶石、海蓝宝石、碧玺、水晶、玛瑙、石榴石、黄玉等。

在日常遇到的灰尘和污垢中，硬度最大的是石英微粒（石英和水晶是同一种物质，只不过石英颗粒细小形状不规则），人们在擦拭宝石上的灰尘污垢时，其中所含的石英微粒就在刻划宝石。如果宝石的硬度大于石英，那无论怎样擦拭，灰尘中的石英微粒也不会在宝石上划出伤痕。因此，这类宝石可以用清洁的麂皮或刚洗净的手帕任意的擦拭。要注意的是，世界上也有一些物质的硬度大于水晶，例如作为研磨宝石磨料的"金刚砂"，它能划伤除钻石外的任何宝石。金刚砂在研磨加工宝石的工厂和车间里经常使用，因此在这种地方，擦拭宝石应特别慎重，例如先用清水冲洗宝石，或用特制的橡胶球对着宝石吹气，将上面的浮尘吹掉。

在本类宝石中，最坚硬的要算钻石，它只怕撞击和火焰，其他全不怕，可以任意地擦拭，用任何清洁剂清洗。钻石的一个特点是亲油，人的手指如果摸了一下钻石，被摸之处就会沾上手指皮肤上的油脂，钻石因此会失去一些光泽。一粒钻石如被人的手反复摸过，就会沾上很多油脂而显得色泽灰暗。可是钻石不怕清洗，只要细心地擦拭或清洗之后，钻石又会光亮如新。

本类宝石中最脆弱的是祖母绿和海蓝宝石，它们的硬度虽然很高，可脆性非常大，很容易在不强的撞击中产生裂纹，原有裂纹也可能进一步扩大，在镶嵌首饰的过程中，它们也容易因受挤压而产生裂纹或破裂。

对于本类宝石，清洗比较容易。可将首饰泡在加水的任

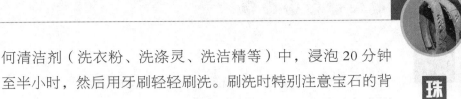

何清洁剂（洗衣粉、洗涤灵、洗洁精等）中，浸泡 20 分钟至半小时，然后用牙刷轻轻刷洗。刷洗时特别注意宝石的背面，因为此处污垢最多，可准备几根牙签，遇到刷不净或刷不着的污垢时，可用牙签清除。但注意不可用钢针，因为它们虽不会划伤宝石，但却可能划伤黄金或铂金的首饰托。污垢刷净后，用清水冲净首饰，然后用刚洗净的旧手帕将水擦干。之所以用刚洗净的旧手帕，是因为它上面易脱落的纤维少，不会使首饰沾上很多毛状纤维。

清洗及冲洗首饰时，要注意两点：一是不能在有下水道的水槽中清洗，因为万一宝石或小首饰随水落入下水道就没法寻找了。二是要拿稳首饰，不能让首饰从手上掉落砸到盛水的瓷碗边上，或落在桌上，甚至掉到坚硬的水泥地上，因为这样一摔，很可能使首饰上的宝石撞出裂纹甚至破裂。为此，清洗首饰时桌上应铺上一块毛巾。

由于祖母绿特别脆弱，又多裂纹，清洗镶祖母绿的首饰更应轻轻进行，可用新毛笔沾清洁剂清洗。

对于有明显裂纹的宝石，清洗时不宜用有颜色的清洁剂，以免它渗入裂隙而染色。

硬度小于水晶，但大于玻璃的宝石

这类宝石有：橄榄石、各种辉石、翡翠、软玉（和田玉）等。

擦拭这类宝石时，应该先用一种特制的橡胶球（如医用洗耳球）吹去浮尘，以免灰尘中的石英微粒将宝石划出细伤痕。

这类宝石的清洗方法与清洗硬度高于水晶的宝石相同，只是玉石有可能被染色，故不能在有颜色的温热液体中浸泡，更不能煮沸。

对于翡翠，流传着这样一种说法，即翡翠上的绿色色块或绿丝会随着佩戴时间的增加而长大。其实翡翠是没有生命的石头，绿色色块或绿丝是不会长大的。人们戴的时间长了，感觉上面的绿色色块比原来大了，色变深了，变得明显多了，这都是可能的，其原因是翡翠的透明度变好了。

人们在佩戴翡翠或软玉的白玉首饰时，首饰会不断地与皮肤摩擦，接触人体分泌出的油脂，这些油脂会慢慢地渗入翡翠或白玉首饰内部，使翡翠的透明度变好，使白玉看来更温润。这在玩玉的行内用术语说，叫做"盘玉"。翡翠与白玉盘了一年，就可能看出这种变化，盘了多年的翡翠与白玉，其价格自然要比没盘过的高。因此，可以注意一些爱玉的中老年人，腰间挂一块翡翠或白玉挂件，没事就拿出来用手摸摸玩玩，这就是盘玉，增加玉与皮肤接触使玉质变好。

翡翠经过长时间的"盘"以后，透明度变得比原来好了，内部原有的绿色色块或绿丝因为透明度变好，绿色映射的面积比原来要大一些，所以看起来好像绿的面积增大了。要注意的是，这只是A货翡翠才可能有的现象，B货和C货翡翠戴的时间长了，很可能越变越难看。

硬度小于玻璃，稳定性差的宝石

这类宝石包括：欧泊、绿松石、某些岫玉、琥珀、珍珠、珊瑚，以及所有碳酸盐类的玉石（如黄色的白云石玉、白色的阿富汗玉、绿色的孔雀石等）。

这类宝玉石因硬度低，容易被玻璃或铁器划伤，因此在佩戴和放置时都要注意。

欧泊和绿松石都是既不稳定又可能被染色的宝石，不可能与有色液体及化妆品接触，也不宜用洗涤剂清洗。欧泊内部含有水要防止日晒、火烤或环境高温干燥，以免因失水而使颜色变劣甚至消失。

琥珀的硬度甚至低于人的指甲，故极易划伤，它又怕高温，火烤时可能使它软化变形。

珍珠、珊瑚及所有碳酸盐类的宝玉石，其主要化学成分是 $CaCO_3$ 或（Ca，Mg）CO_3，这是一类不稳定的物质，能迅速地溶解于酸中，甚至在带酸性的水中也会慢慢地溶解，如果在它们表面滴上稀盐酸、稀醋酸，可以发现会冒泡溶解，然后在珠宝表面残留下一个暗色的凹坑。带酸性的汗水会缓慢地溶蚀珍珠等的表面，使之失去光泽。因此，佩戴上述珠宝时注意不能接触任何酸液，夏季时贴身戴的珍珠等，回家后应尽快用清水冲洗并用软布拭干。

这类成分为碳酸盐的珠宝也不宜接触化妆品和清洁剂（洗衣粉、肥皂、香皂、洗涤灵等），因为这些物质都可能对它们产生化学腐蚀作用；它们也不能与有色液体接触，因为可能染上颜色。

珠宝首饰的储存

珠宝及镶嵌珠宝的黄金和铂金表面，都经过精细的研磨抛光，因此都闪闪发光惹人喜爱。为了保护首饰光洁的表面不被划伤磨毛失去光泽，在储存珠宝首饰时，应该一件一个地方分开存放，绝不能将多件珠宝首饰乱放在同一盒子中，这样硬度高的宝石会将许多硬度低的宝石划得遍体鳞伤，即使是同一种宝石首饰，例如两个蓝宝石戒指，也不能使之接触的放在一起，因为坚硬的宝石会把较软的黄（铂）金划得全是伤痕。

储存首饰采用专用的首饰盒较佳，首饰插在或挂在里面互不干扰，拿取看视都很方便。有些娇气的珠宝如珍珠、黑珍珠、欧泊、绿松石等，特别怕漂白剂的漂白作用，脱脂棉用漂白剂漂白过，所以上述珠宝不能用脱脂棉衬垫或包裹，以免珠宝失去光泽甚至变色。

首饰盒

你的生辰石是什么

从古至今，人们对于自己的生辰总是十分重视的，把它视为毕生的节日。在这个节日里，应该佩戴镶嵌什么宝石的首饰，自然成为一个要考虑的重要问题，久而久之，形成了一种习俗，这就是"生辰宝石"或者说"生辰石"的起源。

至于在生日时戴什么宝石首饰，开始时只是随着各人的爱好。当然，像这一类的事，人们总希望找点什么说法，或者有什么依据。后来，逐渐形成了每年的 12 个月中，每个月都有固定的宝石作为生辰石的习俗。这些宝石是怎样规定出来的呢？据说与远古时代基督教一位著名教士的法衣有关。传说这件法衣的前胸镶嵌有 12 粒不同的宝石，用以代表 12 个月，不过这件神奇的法衣早已失传，上面的宝石是什么也不太清楚。现在知道的是，大约在 1562 年，在德国或波兰已有了佩戴生辰石的风俗，后来传遍全欧洲乃至全世界。

时至今日，一年12个月，每个月的生辰石是什么宝石，不同的国家由于文化、爱好以及宝石资源的不同而有些差别，但大致还是相同的。

下面综合世界上各种资料后，结合我国的文化传统，推荐下列的生辰石。

亲爱的读者们，您可以看看，您自己和家人的生辰石都是什么，在有条件选购生日礼品时，不妨以此作为参考。

各月生辰石

1月	猫眼石 象征智慧与真实	7月	红宝石 象征热情与仁爱
2月	紫水晶 象征诚实与平和	8月	橄榄石 象征和睦与幸福
3月	海蓝宝石 象征沉着与勇敢	9月	蓝宝石 象征慈爱与诚实
4月	钻石 象征纯洁无瑕	10月	电气石 象征安乐与幸运
5月	翡翠或祖母绿 象征幸运与幸福	11月	黄玉 象征友爱与希望
6月	珍珠 象征健康与富有	12月	星光宝石 象征光明与成功

克拉的来历

自古以来，人们在进行宝石贸易时，使用一种叫做克拉的重量单位。克拉这个名词，原为希腊文，它是欧洲地中海沿岸生长的一种"角豆树"种子的名称。古代人认为，该种子粒粒都一样重，因此用来作为称量宝石重量的砝码，故宝石的重量也就用若干个克拉来表示。

其实，角豆树的种子并不一样重。有人专门收集了几百粒这种种子，称量后得知，它们的实际重量从 143 毫克至 240 毫克，可见差别很大。到了 1907 年，全世界统一规定：1 克拉 =0.2 克 =200 毫克，这就是目前通用的克拉。

由于钻石很贵重，重量小到 0.005 克拉的小钻石也有用，为了能方便地说明小钻石的重量，又规定：1 克拉 =100 分。这样，重 0.01 克拉的小钻石叫做"1 分钻"；重 0.08 克拉的钻石叫 8 分钻；重 0.23 克拉的钻石叫 23 分钻，用"分"来表示小钻石的重量是很方便的。

开（K）金中的黄金含量

开金	含金量%	含杂质金属%	开金	含金量%	含杂质金属%
24K	100	0	15K	62.50	37.50
23K	95.83	4.17	14K	58.33	41.67
22K	91.67	8.33	13K	54.17	45.83
21K	87.50	12.50	12K	50.00	50.00
20K	83.33	16.67	11K	45.83	54.17
19K	79.17	20.83	10K	41.67	58.33
18K	75.00	25.00	9K	37.50	62.50
17K	70.83	29.17	8K	33.33	66.67
16K	66.67	33.33	7K	29.17	70.83

戒指圈口号与圈口直径（单位：毫米）对照表

开金	含金量%	含杂质金属%	开金	含金量%	含杂质金属%
24K	100	0	15K	62.50	37.50
23K	95.83	4.17	14K	58.33	41.67
22K	91.67	8.33	13K	54.17	45.83
21K	87.50	12.50	12K	50.00	50.00
20K	83.33	16.67	11K	45.83	54.17
19K	79.17	20.83	10K	41.67	58.33
18K	75.00	25.00	9K	37.50	62.50
17K	70.83	29.17	8K	33.33	66.67
16K	66.67	33.33	7K	29.17	70.83